essentials

Springer Essentials sind innovative Bücher, die das Wissen von Springer DE in kompaktester Form anhand kleiner, komprimierter Wissensbausteine zur Darstellung bringen. Damit sind sie besonders für die Nutzung auf modernen Tablet-PCs und eBook-Readern geeignet. In der Reihe erscheinen sowohl Originalarbeiten wie auch aktualisierte und hinsichtlich der Textmenge genauestens konzentrierte Bearbeitungen von Texten, die in maßgeblichen, allerdings auch wesentlich umfangreicheren Werken des Springer Verlags an anderer Stelle erscheinen. Die Leser bekommen „self-contained knowledge" in destillierter Form: Die Essenz dessen, worauf es als „State-of-the-Art" in der Praxis und/oder aktueller Fachdiskussion ankommt.

Wolfgang Fratzscher · Klaus Michalek

Abfallenergie und Entropiewirtschaft

Wolfgang Fratzscher
Martin-Luther-Universität
Halle-Wittenberg
Deutschland

Klaus Michalek
Berlin-Brandenburgische Akademie
der Wissenschaften
Deutschland

ISSN 2197-6708
ISBN 978-3-658-03920-2
DOI 10.1007/978-3-658-03921-9

ISSN 2197-6716 (electronic)
ISBN 978-3-658-03921-9 (eBook)

Die Deutsche Nationalbibliothek verzeichnet diese Publikation in der Deutschen Nationalbibliografie; detaillierte bibliografische Daten sind im Internet über http://dnb.d-nb.de abrufbar.

Springer Vieweg

Gedruckt auf säurefreiem und chlorfrei gebleichtem Papier

Springer Vieweg ist eine Marke von Springer DE. Springer DE ist Teil der Fachverlagsgruppe Springer Science+Business Media
www.springer-vieweg.de

Vorwort

Der Beitrag ist einem Forschungsbericht der interdisziplinären Arbeitsgruppe der Berlin-Brandenburgischen Akademie der Wissenschaften (BBAW) „Strategien zur Abfallenergieverwertung – ein Beitrag zur Entropiewirtschaft“ entnommen, der unter dem Namen der Arbeitsgruppe im Oktober 2000 im Vieweg Verlag (Herausgeber: Wolfgang Fratzscher und Karl Stephan, ISBN 3-528-02563-8) erschienen ist. Diese zeitweilige, über drei Jahre agierende, interdisziplinäre Arbeitsgruppe stellte sich entsprechend der Tradition der BBAW die Aufgabe, Antworten auf aktuelle, gesellschaftliche Fragestellungen zur Gestaltung der Abfallenergieverwertung im Zusammenhang mit einer nachhaltigen industriellen Entwicklung zu finden.

Die Arbeitsgruppe setzte sich aus Mitgliedern verschiedener, disziplinärer Klassen der BBAW und anderen, von außen gewonnenen Wissenschaftlern zusammen, deren Fachkompetenz für den untersuchten Bereich der BBAW bekannt war. Dabei erfolgte sowohl ein Rückgriff auf schon vorhandene Ergebnisse als auch die weitere Untersuchung neuer Sachverhalte entsprechend der Aufgabenstellung, die sich die Arbeitsgruppe gegeben hatte. Der Arbeitsfortschritt wurde in den Jahrbüchern der BBAW und auf einer Konferenz unter internationaler Beteiligung dargelegt. Außerdem veröffentlichen die Mitglieder der Arbeitsgruppe selbständig zu Teilergebnissen auf ihrem Fachgebiet.

Mitglieder der Arbeitsgruppe waren:

- Prof. Dr. Wolfgang Fratzscher (Sprecher), Martin-Luther-Universität Halle-Wittenberg
- Prof. Drs. Karl Stephan (stellv. Sprecher), Universität Stuttgart
- Prof. Drs. Wolfram Fischer, Freie Universität Berlin
- Prof. Dr. Siegfried Großmann, Philipps-Universität Marburg
- Prof. Dr. Klaus Hartmann, GESIP Berlin
- Prof. Dr. Dietrich Hebecker, Martin-Luther-Universität Halle-Wittenberg
- Prof. Dr. Hasso Hofmann, Humboldt-Universität zu Berlin

- Prof. Dr. Reinhard F. Hüttl, Brandenburgische Technische Universität Cottbus
- Prof. Dr. Klaus Lucas, RWTH Aachen
- Prof. Dr. Werner Meng, Universität des Saarlandes
- Prof. Dr. Dieter Mewes, Universität Hannover
- Prof. Dr. Ortwin Renn, Akademie für Technikfolgenabschätzung Stuttgart
- Prof. Dr. Martin Weisheimer, Institut für Wirtschaftsforschung Halle
- Dr. Oliver Bens, Brandenburgische Technische Universität Cottbus
- Dr. Monika Bergmeier, Berlin
- Dr. Klaus Michalek, BBAW Berlin
- Dr. Alexander Tokarz, Leipzig

Die Arbeitsgruppe sah das Besondere ihrer Arbeit im interdisziplinären Ansatz. Die gesellschaftliche Relevanz der Fragestellung und die unterschiedliche Interessenlage der beteiligten, gesellschaftlichen Gruppen bei der Beantwortung der Fragen waren dabei bewusst. Aus diesem Grunde waren neben Naturwissenschaftlern und Ingenieuren auch Ökonomen, Sozialwissenschaftler und Historiker beteiligt.

Außerdem wurde die übliche Diskussion vom Anfang der Energiewandlungskette (der Primärenergie) auf das Ende der Energiewandlungskette (die Abfallenergie) gelenkt. Die Mittlerin zwischen beiden ist im naturwissenschaftlich, thermodynamischen Sinne die Entropieproduktion, die den umfassenden, methodischen Anspruch für die gefundenen Antworten begründet.

Die Veröffentlichung erfolgte im Vieweg Verlag weil dieser mit der Reihe „Vieweg Handbuch Umweltwissenschaft" eine geeignete Plattform bot.

Der ursprüngliche, gesamte Forschungsbericht wird in elektronischer Form bzw. als Nachdruck über das Springer Book Archive zur Verfügung stehen. Neben diesem Beitrag ist das Kapitel von Ortwin Renn „ Soziale Bewertung von Szenarien zur Abfallenergieverwertung" zur elektronischen Veröffentlichung über Springer Essentials vorgesehen. Hier wird der Bogen bis zu sozial-empirischen und diskursiven Bewertung bei der Technikfolgenabschätzung gespannt.

Inhaltsverzeichnis

Einleitung

1

Der vorliegende Beitrag ist Teil eines Forschungsberichts. Er gibt nach einer einführenden Darstellung im ersten Kapitel zur Umwelt-, Abfall- und Energieproblematik als zweites Kapitel die methodische und quantitativ einordnende Klammer. Die im Beitrag verwendeten Quantitäten sind zwar mehr als 10 Jahre alt, gelten aber auch heute noch in der Größenordnung und in den Relationen zueinander.

Methodisch lässt sich dieses Essential folgendermaßen zusammenfassen:

- Es wird ein quantitativer Zusammenhang zwischen Primärenergieeinsatz, anthropogenen Prozessen und Abfallenergieanfall hergestellt. Dabei wird der Zusammenhang zwischen Energie- Entropie- und Exergiebilanz erklärt und auf den Einfluss der Wahl der Bilanzgrenzen hinsichtlich des Ergebnisses der Analyse und ihrer Bewertung hingewiesen.
- Die Betrachtung und Analyse von Energie- und Stoffwandlungsprozessen zeigt einen unmittelbaren Zusammenhang von Energie- und Stoffwandlung. Der Anfall von Abfallenergie ist naturgesetzlich (entsprechend dem 2. Hauptsatz der Thermodynamik) unvermeidbar. Es kommt darauf an die Energie- und Stoffwandlungsketten so zu gestalten, dass die Entropieproduktion und damit der Abfallenergieanfall möglichst gering werden (unter Beachtung technischer, wirtschaftlicher und sozialer Randbedingungen). Aus thermodynamischer Sicht besteht ein Zusammenhang zwischen inneren und äußeren Verlusten.
- Im Beitrag wird der grundsätzliche Aufbau der thermodynamischen Bilanzen diskutiert. Die Zielstellung besteht in einer Darstellung quantitativer Verhältnisse für interdisziplinäre Bewertungen, von Werkzeugen für die Abfallenergieerfassung, von Beispielen zur Abfallenergieerfassung und zur Analyse technischer Systeme sowie zur Ableitung von technischen Optionen für die optimale Systemgestaltung.
- Von der Thermodynamik zum technischen System übergehend werden die zur Abfallenergienutzung möglichen technischen Prozesse, Aspekte der Koppel-

W. Fratzscher, K. Michalek, *Abfallenergie und Entropiewirtschaft*, essentials,
DOI 10.1007/978-3-658-03921-9_1, © Springer Fachmedien Wiesbaden 2013

produktion und zeitlichen Anpassung zwischen Anfall und Nutzung, örtliche Verteilungsaspekte am Beispiel eines Chemiekomplexes, Qualitätsfaktoren für Abwärme und ein Punktesystem für die Nutzbarkeit von Abwärme, Gütegrade von Energie- und Stoffwandlungsprozessen sowie Entropiewerte von Stoffströmen betrachtet.

- Das Ganze ordnet sich ein in einer Energiebilanz der Erde mit Energieimport, -export und Ressourcenverbrauch aus der Sicht von erstem und zweitem Hauptsatz sowie der Einheit von Energie und Stoffwandlung. Aus der Sicht der Bilanzen wird abgeleitet, dass die Abfallenergieverwertung die duale Seite einer allgemeinen energiewirtschaftlichen Betrachtung ist, weil alle anthropogen genutzte Energie letztendlich als Abfallenergie in der Umgebung endet.
- Da für die Vorgabe der Suchrichtung nach optimalen, nachhaltigen, technischen Prozessen letztendlich der Entropiesatz bedeutender als der Energieerhaltungssatz ist (Unterscheidung zwischen inneren und äußeren Verlusten, Beachtung unterschiedlicher Qualitäten – Umwandelbarkeiten – der Energieformen) wird vorgeschlagen, einen Paradigmenwechsel von der Energie- zur „Entropiewirtschaft" zu vollziehen.

Die nachfolgenden Kapitel im Forschungsbericht spiegeln den interdisziplinären Charakter der Arbeitsgruppe. Im Kapitel „Technische Möglichkeiten" kommen insbesondere die Ingenieurwissenschaften mit methodisch orientierten Reviews zum Gegenstand und Beispielen zu Wort. Unter den Stichworten Energiekaskade und Wärmetransformation wird die Abwärmenutzung behandelt. Gerade die Abwärmenutzung ist in besonderem Maße mit den Ausführungen zur entropischen Methode verbunden, um naturwissenschaftlich unsinnige Orientierungen zu vermeiden. Die Kombination von Stoff- und Energiewandlung steht bei der Untersuchung von Verfahren zur Nutzung industrieller und kommunaler Abfälle im Vordergrund. Hier wird sowohl die energetische als auch die stoffliche Verwertung betrachtet. Die technisch-wirtschaftliche Bewertung wird um die thermodynamische Betrachtung ergänzt. Allerdings wird hier das Wirken des zweiten Hauptsatzes über die Exergie – den technisch, unbeschränkt im Gleichgewicht mit der Umgebung umwandelbaren Anteil der Energie – dargestellt. Die Entropieproduktion wird durch einen Exergieverlust (Verlust an Umwandelbarkeit im Energiemaßstab) ausgedrückt. Grundlagen zur Anwendung der exergetischen Methodik [1] und zu ingenieurtechnischen Berechnungsgrundlagen [8] finden sich auch im Springer Book Archive.

Die Untersuchung zur regenerativen Nutzung von Biomasse wird mit der land- bzw. forstwirtschaftlichen Bereitstellung begonnen. Dabei wird das technische Optimierungspotenzial abgeschätzt. Für die Nutzungsprozesse Verbrennung und

Vergasung werden thermodynamische Bewertungen und eine Abschätzung der Umweltbelastung sowie deren Beeinflussbarkeit diskutiert.

Die Möglichkeiten zur Senkung der Entropieproduktion durch günstige Vernetzung technischer Systeme werden unter der Überschrift „Integration und Kombination technologischer Systeme“ systematisiert und mit Beispielen belegt. Den Abschluss des Kapitels zu den technischen Systemen, die der Verwirklichung der Entropiewirtschaft dienen sollen, bildet der Abschnitt „Versorgungssysteme im Energieverbund“ mit technischer Beschreibung und thermodynamischer Bewertung.

Im Kapitel „Regionale Objektbereiche und Entwicklungsstrategien“ werden die Bereiche Ballungsraum und ländlicher Raum allgemein sowie nach Energieanfall und -bedarf charakterisiert. Für diese Räume werden Verwertungstechniken für Abfälle und Abwärme, nutzbare Versorgungssysteme und optimale Versorgungsstrukturen beschrieben und thermodynamisch bewertet.

Das Kapitel „Bewertungsdimensionen – Bestimmtheit und Beeinflussbarkeit, beispielhafte Anwendung“ erweitert die Untersuchungen um die wirtschaftliche, rechtliche und soziale Komponente. Hierbei wird auch der Einbettung in das Wirtschafts- und Rechtssystem der EU Rechnung getragen. Außerdem werden historische, positive Erfahrungen ausgewertet, die im Deutschland der 1920er-Jahre unter den Bedingungen der Ressourcenknappheit gemacht wurden. Angesichts jüngerer Entwicklungen dürften die vor mehr als 10 Jahren geäußerten grundsätzlichen Gedanken einen Diskussionsbedarf aufzeigen.

Das letzte, zusammenfassende Kapitel schließt wieder den Bogen zum Gesamttitel des Forschungsberichts und zum Titel dieses Beitrages. Es werden praktische Handlungsempfehlungen für die Gestaltung einer Entropiewirtschaft und der anzuwendenden, technischen Systeme formuliert. Diese Regeln sind tabellarisch und allgemein anwendbar formuliert.

Abfallenergie und Entropiewirtschaft 2

2.1 Definition der Abfallenergie und prinzipielle Verwertungsmöglichkeiten

Die für die Bedürfnisbefriedigung der Menschheit tätige Technik ist für Lösungen verantwortlich, die mit den natürlichen Prozessen in der Umgebung entweder gar nicht oder nur in langen Zeitmaßstäben erreicht werden können. Im zunehmenden Maße setzt sich darüber hinaus die Einsicht durch, dass sie auch für die Veränderungen in der Umgebung, die beim Betrieb der eingesetzten Artefakte entstehen, verantwortlich ist. Das hat dazu geführt, dass man sich zunächst dem Stoffaustausch, der notwendigerweise zwischen den Artefakten und der Umgebung organisiert werden muss, zuwandte. Das führte einerseits zu den Begriffen der Umweltbelastungen, die mit der Abgabe von Nutz- und Nebenprodukten verbunden sind und andererseits zur Kennzeichnung der Schäden, die mit der Entnahme der Rohstoffe aus der Umgebung entstehen. Damit verbunden war der Begriff der Abfallstoffe, deren zielstrebige Verminderung Umweltschäden und Entnahme reduzieren lassen. Maßnahmen der Abfallwirtschaft wie Stoffrecycling und Kreislaufwirtschaft erwiesen sich in diesem Zusammenhang als bedeutsam und erfolgreich.

Es scheint naheliegend zu sein, mit ähnlichen Maßnahmen auch die Energieversorgung der menschlichen Gesellschaft zu untersuchen, natürlich mit dem Ziel, gleichfalls Reduzierungen im Verbrauch zu erzielen. Das könnte sich günstig auf die Bereitstellung von Primärenergie und die Umweltbelastung, vordergründig durch CO_2, auswirken. Das leuchtet ein, da in der Weltwirtschaft die Produkte oder Rohstoffe mit dem größten Massenumfang (etwa zwei Drittel) tatsächlich Rohenergieträger sind, wie Tab. 2.1 zeigt. Auch Getreide und andere Nahrungsmittel können im weiteren Sinn als Energieträger angesehen werden. Die anderen gehandelten Produkte, bis auf die Baustoffe, liegen nach der Masse um mindestens eine, wenn nicht mehrere Größenordnungen unter diesen Werten (Wasser ausgenommen, das hier nicht betrachtet wird).

W. Fratzscher, K. Michalek, *Abfallenergie und Entropiewirtschaft*, essentials,
DOI 10.1007/978-3-658-03921-9_2,

Tab. 2.1 Verbrauch ausgewählter Rohstoffe und Rohprodukte auf der Welt

Rohstoff	Jährlicher Verbrauch in Mio. t
Stein- und Braunkohle (in Steinkohleneinheiten)	3.500
Rohöl	3.475
Naturgas (in Steinkohleneinheiten)	2.900
Holz (dav. ca. 45 % Industrieholz)	2.750
Getreide (29 % Weizen, 28 % Reis, 28 % Mais, 7 % Gerste, 5 % Hirse)	2.075
Zement	1.400
Eisen und Stahl (42 % Eisen, wegen Recycling nur 45 % aus Erz)	1.300
Wurzelfrüchte (46 % Kartoffeln)	645
Gemüse und Melonen	590
Milch	540
Früchte	420
Fleisch (41 % Schwein, 27 % Geflügel, 27 % Rind)	215
Fisch (19 % aus Binnengewässern)	110

Tab. 2.2 Weltweiter Anfall von anthropogenen gasförmigen Emissionen

Abprodukt	Jährlicher Anfall in Mio. t
CO_2 (23 % USA, 13 % VR China, 7 % Russland, 5 % Japan, 4 % Deutschland)	23.900
Methan (30 % Tierhaltung, 25 % Reisanbau, 16 % Öl/Gasförderung, 16 % Müll)	270
SO_2	77
Distickstoffoxid	13

Naturgesetzlich müssen sich diese Einsatzstoffe in den Abprodukten wiederfinden. So nimmt es nicht Wunder, dass die CO_2-Abgabe gleichfalls um Größenordnungen in der Massenbilanz sämtliche anderen Abprodukte übertrifft (Tab. 2.2). Diese quantitativen Zusammenhänge erfordern primär eine Auseinandersetzung mit den Problemen der Energiewirtschaft, wenn wirksam der Einfluss der menschlichen Gesellschaft und der zu ihrer Bedürfnisbefriedigung geschaffenen Artefakte auf die Umgebung, auf die Umwelt reduziert werden soll.

Nun ist aber die Energie, zunächst in naturwissenschaftlicher Sicht, eine streng von der Masse zu unterscheidende Kategorie. Für die Energie gilt zwar auch wie für die Masse ein Erhaltungssatz: Energie kann weder aus dem Nichts erschaffen werden noch ohne Äquivalent verschwinden, es gibt kein perpetuum mobile. Es ist aber darüber hinaus für die Energie noch ein weiteres Gesetz von fundamentaler Bedeutung, der sogenannte II. Hauptsatz der Thermodynamik oder das Entropiegesetz, das besagt, dass es für die in der Natur ablaufenden Prozesse bevorzugte Richtungen gibt, während entgegengesetzte Richtungen unmöglich erscheinen, quasi verboten sind. Diese Tatsache führt dazu, dass Energieströme von selbst nur in Richtung abnehmender Potenziale fließen, wie analog das Wasser nur in Richtung abnehmender Höhe strömt – die Höhe kann als Potenzial aufgefasst werden – und damit zwar die Quantität erhalten bleibt aber ihre Nützlichkeit, z. B. gegeben durch die Umwandelbarkeit in Arbeit, abnimmt. Energie, die auf dem Niveau, d. h. mit dem Potenzial der Umgebung vorliegt, steht für die Ausnutzung auf der Erde nicht mehr zur Verfügung. So ist die Umwandlung von Wärme von Umgebungstemperatur in Arbeit nicht möglich oder verlangt, nach Ostwald, ein perpetuum mobile II. Art. Eine solche Maschine verstößt nicht gegen das Erhaltungsgesetz, erzeugt keine Energie aus dem Nichts, ist demnach kein perpetuum mobile I. Art. Sie würde aber gegen den Entropiesatz verstoßen, deshalb der Zusatz „II. Art". Die Charakterisierung einer solchen Maschine als ein perpetuum mobile ist insofern gerechtfertigt, als uns Umgebungsenergie in Gestalt der Atmosphäre, der Hydrosphäre und der Lithosphäre in für menschliche Dimensionen unermesslichem Umfang zur Verfügung steht. Die Abkühlung z. B. der Hydrosphäre nur um wenige Hundertstel Grad würde Energiemengen liefern können, die den Weltenergiebedarf über lange Jahrhunderte decken könnte. Diese Zusammenhänge führen dazu, dass genau wie bei der Stoffwirtschaft auch in der Energiewirtschaft die Quantität der für die Artefakte eingesetzten Energie erhalten bleibt und letzten Endes als Abfallenergie in der Umgebung wieder zur Verfügung gestellt wird, ihre Qualität dagegen, z. B. als die Eigenschaft in Arbeit verwandelt werden zu können, abgenommen hat bis sie auf dem Niveau der Umgebung ganz verschwindet.

Für die folgenden Überlegungen ist eine einheitliche Terminologie zugrunde zu legen, da in der einschlägigen Fachliteratur je nach dem zu verfolgenden Endzweck recht unterschiedliche Bezeichnungen im Gebrauch sind. Ohne auf diese im Einzelnen einzugehen, sei an dieser Stelle von folgender Position ausgegangen. Das in Abb. 2.1 angegebene stoff- oder energiewirtschaftliche Verfahren – oder allgemeiner das Artefakt oder auch das technologische System – empfängt eine Energiezufuhr in der Größe W_Z zur Erzeugung des gewünschten Produktes, das die Energiemenge W_P tragen und stofflicher oder energetischer Art sein kann. Dabei entstehen

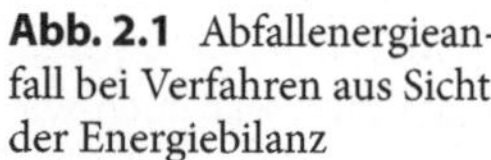

Abb. 2.1 Abfallenergieanfall bei Verfahren aus Sicht der Energiebilanz

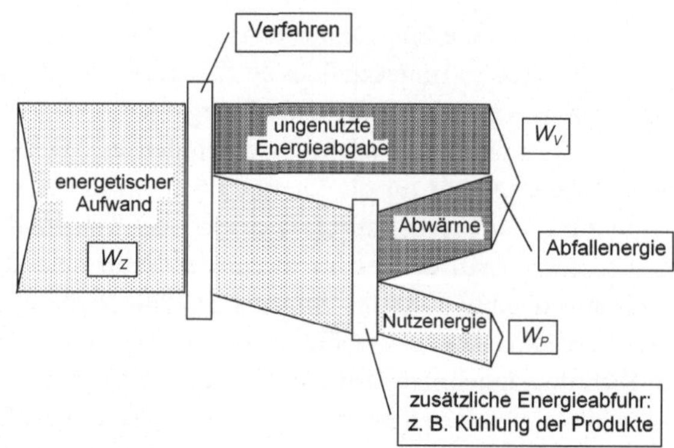

Energieverluste W_V, die sich aus den Energieverlusten des Verfahrens selbst und Energiebeträgen zusammensetzen, die auf die Tatsache zurückzuführen sind, dass sich gewöhnlich der Zustand, mit dem die Produkte das Verfahren verlassen (z. B. ihre Temperatur), von dem Zustand bei dem sie genutzt werden (z. B. nach einer Abkühlung) unterscheidet. Da dieser Unterschied zusätzlich genutzt oder durch eine veränderte Prozessführung vermindert oder vermieden werden kann, ist er im Allgemeinen auch als Energieverlust anzusehen. Beide Verluste zusammen kennzeichnen so die Abfallenergie des Verfahrens. Diese allgemeingültige Darstellung kann im konkreten Fall weiter untersetzt werden. So kann im Einzelnen zwischen verfahrensbedingten und thermodynamisch begründeten Verlusten unterschieden werden, um z. B. beim Untersuchungsobjekt zwischen beeinflussbaren und nicht beeinflussbaren Verlusten zu unterscheiden. Aus vielerlei Gründen, vor allem technischer Art, ist zwischen stoffgebundener (Enthalpie, innere Energie) und stofffreier Energie (Wärme, Arbeit) zu unterscheiden. Auch die Art der Energiefreisetzung und -umwandlung, wie Wärmeübertragung, chemische Reaktion, Vermischung kann zur Differenzierung zwingen. Der Aggregatzustand der stofflichen Energieträger kann aus Gründen der damit verbundenen technischen Konsequenzen der Klassifikation zu Grunde gelegt werden u. a. m.

Im Lichte des II. Hauptsatzes der Thermodynamik sind alle diese Intepretationen unvollständig, da formal darauf aufbauende Strategien zur Verminderung der Energieverluste zumindest partiell zu Fehlorientierungen führen würden. So ist eine Wärmeabgabe bei Umgebungstemperatur unabhängig von ihrer Quantität nicht als Verlust anzusehen, da Wärme von Umgebungstemperatur nur bei Existenz eines perpetuum mobile II. Art ausgenutzt werden könnte. Andererseits deutet das Fehlen von Energieverlusten, also damit auch von Abfallenergie nicht auf einen de facto verlustlosen Prozess hin. Ein einfaches Beispiel ist der Drosselprozess.

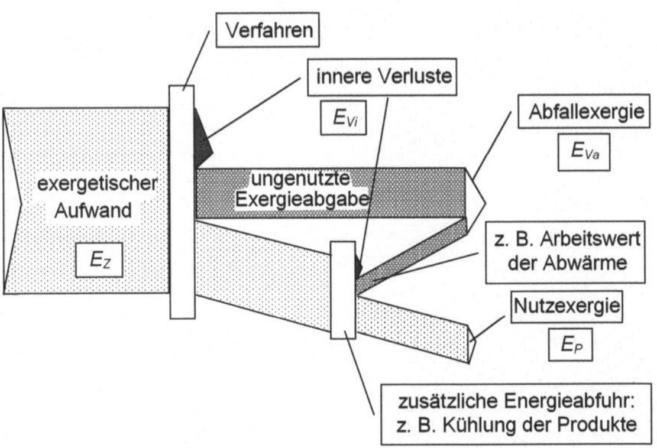

Abb. 2.2 Abfallenergieanfall bei Verfahren aus Sicht der Exergiebilanz

Die adiabate Führung des Prozesses, d. h. das Fehlen von Abfallwärme lässt nicht erkennen, dass z. B. durch eine andere Führung des Prozesses bei gleichem Anfangs- und Enddruck[1] ohne weiteres Energie nach außen abgegeben werden kann, die ausnutzbar ist. Und schließlich sind z. B. Pump- und Verdichtungsarbeiten, die zur Überwindung von Druck- und Reibungsverlusten eingesetzt werden, nicht in Gänze als Verluste anzusehen, da durch Reibung Wärme erzeugt wird, die zu einer Temperaturerhöhung führen kann, die zusätzlich nutzbare Energie zur Verfügung stellt. Diese Zusammenhänge kennzeichnen beispielshaft die qualitativen Unterschiede zwischen den Problemen einer stofflichen Abfallwirtschaft und einer „Abfallenergiewirtschaft".

Zur näheren Kennzeichnung der für die energetischen Probleme relevanten Zusammenhänge ist in Abb. 2.2 für das gleiche Verfahren wie in Abb. 2.1 eine Bilanz der theoretisch in Arbeit umwandelbaren Anteile der jeweiligen Energiebeträge dargestellt. Die Berechnung dieser Anteile erfordert die explizite Berücksichtigung der Aussagen des II. Hauptsatzes und drückt außer der Quantität der Energie auch deren Qualität aus. Eine Energie von Umgebungstemperatur weist danach den Wert Null auf. Diese Energieanteile kennzeichnen demnach den Betrag der jeweiligen Energie, der unter den gegebenen Verhältnissen, d. h. dem thermodynamischen Zustand der Umgebung, in Arbeit umgewandelt werden kann und werden in der

[1] Bei vielen Produkten ist die Temperatur für den Abgabezustand nicht entscheidend (z. B. Druckluft), sodass keine zusätzlichen Energieströme (außer vielleicht Umgebungswärme) eingesetzt werden müssen und anstelle der Drosselung eine Entspannungsmaschine einsetzbar ist. Wenn neben dem Druck auch noch die Temperatur vorgegeben ist (z. B. bei überhitztem Heizdampf) können sich kompliziertere Schaltungen für die Abfallenergieverwertung ergeben.

Tab. 2.3 Verhältnis von Exergie zu Energie τ_e für einige Energien und Stoffe

Energieart	τ_e	Energieart	τ_e
stofffreie Bilanzierung		stoffbezogene Bilanzierung	e/h[a]
mechanische od. elektrische Energie	1	Anergie (im Umgebungsgleichgewicht)	0
Wärme/Kälte:	$(T_m-T_u)/T_m$[b]	Brennstoffe	0,95... 1,05
Sanitärwärme (≈50 °C)	≈0,12	Petrochemische Produkte	≈0,95
Prozesswärme I (≈100 °C)	≈0,24	Biomasse	≈0,95
Prozesswärme II (≈135 °C)	≈0,31	Verbrennungsgase	≈0,71
Prozesswärme III (≈180 °C)	≈0,38	Thermalwasser	≈0,15
Hochtemperaturwärme (≈500 °C)	≈0,63	Eisen	0,91
Sonnenstrahlung	≈0,95	Kupfer	0,67
Haushaltskälte (≈10 °C unter T_u)	≈0,04	Silicium	0,94
Tiefkühlkälte (≈22 °C unter T_u)	≈0,09	Schwefelsäure	1,07
Kryogene Kälte I (≈-200 °C)	≈2,88	Natronlauge	3,15
Kryogene Kälte II (≈-250 °C)	≈11,30	Druckluft (h=0)	→∞
Kryogene Kälte II (≈-270 °C)	≈88,89	Sauerstoff, Stickstoff, Edelgase (h=0)	→∞

[a] Die Energie (h) ist hier nach der chemischen Thermodynamik berechnet, aber auf den Umgebungszustand (Umgebungskomponenten, 285 K, 0,1 MPa) bezogen. Für Brennstoffe ist der Brennwert einzusetzen.
[b] T_m ist eine Mitteltemperatur, bei der die Wärmeübertragung erfolgt.

Fachliteratur als Exergien bezeichnet [1]. Die Anwendung der Exergie hat außerdem den Vorteil, dass mit ihr die durch die realen Prozesse verursachten Qualitätsminderungen durch Potenzialabnahme quantitativ erfasst werden können. Physikalisch können sie als eine Art der Produktion von Umgebungswärme aufgefasst werden. Da diese in dem vorliegenden Sinne keinen Wert besitzt, lassen sie sich als Exergieverluste auffassen. Sie kennzeichnen den Betrag der arbeitsfähigen Energie, der infolge der Prozesse unwiederbringlich verloren gegangen ist.

In Tab. 2.3 sind einige Zahlenangaben für das Verhältnis von Exergie zu Energie für unterschiedliche Energiearten und Energieträger zusammengestellt. Sie dienen an dieser Stelle zunächst einer ersten Veranschaulichung. Auf die Interpretation wird im Einzelnen in den folgenden Abschnitten näher eingegangen.

Das Abb. 2.2 liefert nun die folgenden Informationen: Das Verfahren selbst beruht auf möglichen Prozessen und ist so mit inneren Exergieverlusten behaftet. Natürlich können auch Energien über die Systemgrenze treten, die zu äußeren Exergieverlusten führen. Äußere und innere Exergieverluste entstehen weiterhin, wenn der Produktabgabezustand sich vom Nutzungszustand unterscheidet. Die Summe der äußeren Exergieverluste kann als der im thermodynamischen Sinn vollständig gekennzeichnete Betrag der Abfallenergie aufgefasst werden. Eine darauf aufbauende Strategie zur Verminderung dieser Verluste hat gegenüber der ausschließlich auf dem Energiesatz beruhenden den Vorteil, dass Ansatzpunkte aufgezeigt werden, deren Veränderung wesentlich für die Prozessführung ist und weiter ein quantitatives allgemein vergleichbares Maß zur Abschätzung der erreichbaren Verbesserung gegeben ist.

Eine besondere Rolle spielen die inneren Exergieverluste, die in der rein energetischen Betrachtung kein Analogon aufweisen. Sie sind ein Maß für die thermodynamische Güte des Verfahrens selbst. Sie gehören nicht unmittelbar zu den Abfallenergien. Ihre Größenordnung beeinflusst aber maßgebend die äußeren Verluste und den Gesamtaufwand. Deshalb müssen auch die inneren Verluste in die Diskussion um die Verminderung oder Vermeidung der Abfallenergie einbezogen werden, wenn es z. B. um den Entwurf und die Gestaltung alternativer Varianten zu bestehenden Verfahren oder Technologien geht. Auch hierbei wird die explizite Einbeziehung der Aussagen des II. Hauptsatzes deutlich. Ein unmittelbarer Ansatzpunkt für eine solche Diskussion lässt sich aus dem Energiesatz allein überhaupt nicht ableiten.

Somit erweisen sich die Nichtumkehrbarkeiten sowohl im inneren Verhalten des Systems als auch im äußeren Verhalten, d. h. in der Wechselwirkung von System und Umgebung, als die wesentlichsten Verlustquellen in energetischer Hinsicht. Unter Nichtumkehrbarkeiten versteht man Prozesse, die infolge

- einer Temperaturdifferenz beim Wärmestrom,
- einer Druckdifferenz beim Massenstrom,
- einer Konzentrationsdifferenz oder eines Partialdruckgefälles beim Komponentenstrom,
- einer Differenz des chemischen Potenzials bei chemischen Reaktionen,
- einer Spannungsdifferenz beim elektrischen Strom

auftreten. Häufig treten in den technischen Systemen beliebige Kombinationen der aufgeführten Prozesse auf.

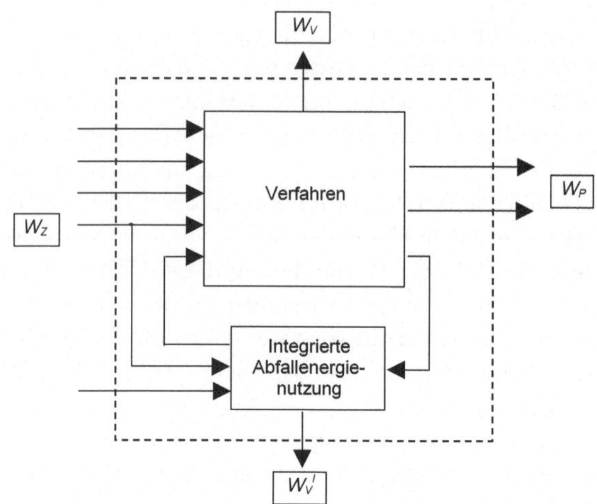

Abb. 2.3 Struktur der Energiebilanz bei innerer (primärer) Nutzung der Abfallenergie

Die als äußere Exergieverluste gekennzeichnete Abfallenergie kann prinzipiell auf zwei Arten einer Verwertung zugeführt werden: innerhalb und außerhalb des betrachteten Verfahrens.

Das Schema der inneren Nutzung, die auch oft als primäre Nutzung bezeichnet wird, ist in Abb. 2.3 dargestellt. Sie ist systemtechnisch eine Art Rückführschaltung oder Rückkopplung und thermodynamisch stets mit regenerativen Effekten verbunden, weshalb sie auch prinzipiell als Regeneration bezeichnet werden kann.

Das bedeutet, dass entweder

bei gleichem Bedarf der Einsatz gesenkt

oder

bei gleichem Einsatz der Zielertrag erhöht

werden kann. Beide Formulierungen sind einander dual zugeordnet.

Die konsequente Anwendung dieses Prinzips führt zu Anlagenkonfigurationen, die als integrierte Bauweise bezeichnet werden können. Die Maßnahme der Regeneration ist Bestandteil des Verfahrens und äußerlich nicht mehr als eine spezielle Nutzungsvariante der Abfallenergie zu erkennen. Das Einsparpotenzial dieser Maßnahme ist häufig bedeutend, da nicht nur die äußeren Verluste verringert, sondern durch die möglichen anlagentechnischen Varianten auch eine spezifische Verminderung anderer Verluste erreicht werden kann. Aus diesem Grunde spricht man im Zusammenhang mit dieser Maßnahme auch von einer Integration.

Die äußere Nutzung ist die in einem zweiten Prozess oder Verfahren. Man bezeichnet sie auch als sekundäre Nutzung. Sie führt zur Koppelproduktion oder Kombination. Das Prinzip ist schematisch in Abb. 2.4 dargestellt. Die Modellierung zur Erfassung der Verbesserungsmöglichkeiten kann auf dreierlei Weise erfolgen:

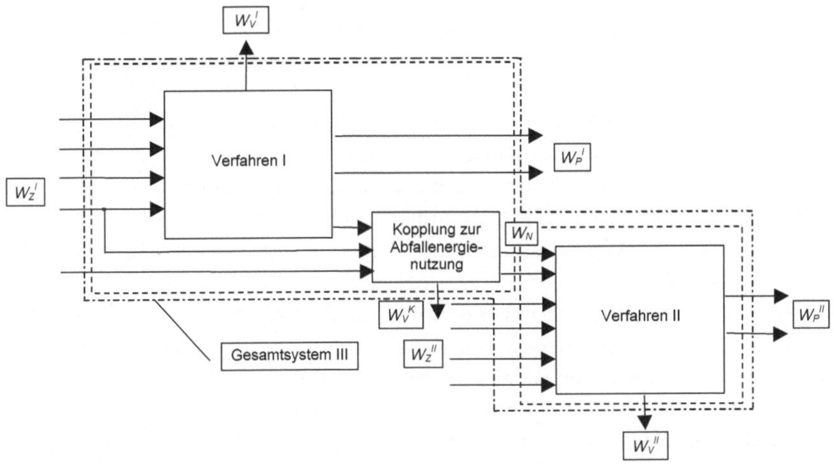

Abb. 2.4 Struktur der Energiebilanz bei äußerer (sekundärer) Nutzung der Abfallenergie

1. Bei der Bilanzierung von Verfahren *I* wird die Zufuhr zur Produktion von W_P^I um die zur Abfallenergienutzung W_N für die Substitution eines Teiles der Zufuhr an Verfahren *II*, das $W_P^{II} I$ produziert, erweitert.
2. Die beiden ursprünglichen Systeme werden gemeinsam als neues Gesamtsystem *III* betrachtet, das W_P^I und W_P^{II} zu produzieren hat. In diesem Sinne ist die Maßnahme der Kopplung als eine solche der Integration für das Gesamtsystem zu betrachten.
3. Die Abfallenergienutzung wird als Koppelproduktion aufgefasst. Für die Bewertung der Aufwendungen für die Abfallenergie werden Koppelfaktoren, im einfachsten Fall auf ökonomischer Basis, eingeführt, die eine Berechnung der Effekte über die Grenzen des ursprünglichen Verfahrens hinaus ermöglichen.

Der über die äußeren Exergieverluste definierte Begriff der Abfallenergie hat darüber hinaus noch den Vorteil, dass er gegenüber älteren Begriffen wie Abwärme oder Abhitze alle Arten der Energie umfasst. Zweifellos ist Abwärme, z. B. die von Kraftwerken, von der Quantität her oftmals die bedeutendste Abfallenergie, ihre Qualität ist aber im Allgemeinen nur gering. Es sei auch daran erinnert, dass in der Frühphase der Wärmewirtschaft, als z. B. noch keine geschlossenen Elektroenergienetze existierten, auch vom Begriff der Abkraft gesprochen wurde. Aber auch heute noch kann mechanische Energie in Verbindung mit Entspannungsprozessen z. B. in Erdgasnetzen als Abfallenergie interessant sein. Ähnlich liegt ein Vorschlag durch rückwärts laufende Kreiselpumpen den Druckabbau in Wasserleitungen zu nutzen.

Wärme und Arbeit sind als stofffreie Energien anzusehen. In vielen Fällen tritt die Abfallenergie als stoffgebundene Energie in Erscheinung, so als thermische Energie, als Enthalpie, wenn Stoffströme mit höherer als der Umgebungstemperatur abgegeben werden. Die regenerative Ausnutzung derartiger Abfallenergie liegt auf der Hand. Aber auch eine Abgabe von Stoffströmen mit Temperaturen unterhalb der Umgebungstemperatur stellt eine „Abfallenergie"-Quelle dar. Kälte repräsentiert positive Exergie (s. Tab. 2.3) und kann sinnvoll ausgenutzt werden. Da sie spezifisch teurer als Wärme ist, wird ihre Ausnutzung auch weiter getrieben als die von Wärme.

Zu den stoffgebundenen Energien zählen auch noch die Konzentrationsenergie und die chemische Energie. Die Konzentrationsenergie ist an die Änderung der Zusammensetzung von Gemischen gebunden. Ideal- und Realeffekte, d. h. Exzessfunktionen, sind für ihre Größenordnung verantwortlich. Quantitativ liegt sie gewöhnlich weit unter den anderen Energieformen. Sie hat aber technisch gesehen bemerkenswerte Eigenschaften, die sie energetisch relevant erscheinen lassen. So wird sie, z. B. im Falle der Entmischung, gewöhnlich aus thermischer Energie erzeugt, was zu außerordentlich niedrigen Effizienzwerten dieser Prozesse führt. Andererseits ist eine Verbindung von Ver- und Entmischungsprozessen, wie sie z. B. bei Extraktionsprozessen vorliegt, mit geringen inneren Nichtumkehrbarkeiten möglich, d. h. mit einer hohen energetischen Effektivität. Insofern haben der Ersatz von Entmischungsprozessen und die mögliche z. B. regenerative Kopplung von Prozessen zur Veränderung der Zusammensetzung für das Verfahren oft eine erhebliche energetische Bedeutung, trotz der Tatsache, dass die Konzentrationsenergie eine sogenannte „schwache" Energie ist. Deshalb muss auch die Abgabe von Stoffströmen mit einer Zusammensetzung, die sich von der der Umgebung unterscheidet, als eine Abfallenergie angesehen werden, die als äußerer Exergieverlust in Erscheinung tritt und über deren Ausnutzung und Verwertung nachgedacht werden muss.

Die chemische Energie überwiegt quantitativ häufig alle anderen Energiearten. Das gilt in erster Linie für die Brennstoffe. Deshalb weist die chemische Energie die besten Transport- und Speichereigenschaften auf. Keine andere Energie kann wie z. B. das Erdgas und Erdöl über solche großen Entfernungen wirtschaftlich transportiert werden und keine andere Energie kann wie z. B. das Heizöl und die Brikett über nahezu beliebig lange Zeiten ohne wesentliche Verluste eingelagert werden. Für die stoffwandelnde Industrie spielt die chemische Energie eine zentrale Rolle. Die Reaktoren sind so „Energiewandlungsanlagen", die chemische in thermische Energie umwandeln oder umgekehrt. Werden bei einem Verfahren Stoffströme abgegeben, die Stoffarten, d. h. Verbindungen enthalten, die nicht in der Umgebung existieren und durch von selbst verlaufende Reaktionen auf die stoffliche Zusammensetzung der Umgebung überführt werden, so besitzt dieser Prozess einen äußeren Exergieverlust, dessen Verminderung oder Vermeidung zu einer energetischen Verbesserung des Verfahrens führt. Insofern kann die chemische Energie einen wesentlichen Teil der Abfallenergie darstellen.

Durch innere und äußere Nutzung können die verschiedenen Abfallenergiearten vermindert werden. Das setzt jedoch zunächst voraus, dass ein entsprechender Bedarf an der jeweiligen Energieart vorliegt. Ist das nicht der Fall, kann bei beiden Nutzungsarten von den Möglichkeiten der Energieumwandlung Gebrauch gemacht werden. Das vervielfacht die jeweiligen alternativen Varianten um Größenordnungen. In Tab. 2.4 sind denkbare und zunächst naheliegende Umwandlungsmöglichkeiten zusammengestellt. In der ersten Spalte ist die Energieart, in der zweiten das Aggregat oder der stoffliche Träger, mit dem diese Energie einem Verfahren zugeführt werden kann, aufgeführt. Die dritte Spalte enthält den Prozess oder das Aggregat, mit dem die Abgabe realisiert wird und das verantwortlich für die entsprechenden äußeren Exergieverluste ist. Der Rest der Tabelle enthält Möglichkeiten der Umwandlung von Abfallenergien in andere Energieformen. Diese Tabelle zeigt, obwohl sie keinesfalls vollständig ist, dass von einer systematischen Erschließung oder gar Ausnutzung der naturwissenschaftlich-technisch gegebenen Möglichkeiten auch heute noch keinesfalls die Rede sein kann, z. B. das Fehlen entsprechender, preisgünstiger Ausrüstungen lässt viele Varianten für die Realisierung ausscheiden. Natürlich verteuern alle diese Maßnahmen die zu betrachtenden Nutzungsmöglichkeiten, sie zeigen aber die große Vielfalt, die aus technischer Sicht angeboten werden kann.

Auf zwei weitere Aspekte der Abfallenergieverwertung muss noch verwiesen werden, da sie zwar nicht zu neuen Möglichkeiten und Strukturen führen, aber für die wirtschaftliche Bewertung der Varianten von großer Bedeutung sind. Das ist die Tatsache, dass die Abfallenergienutzung, insbesondere bei der Koppelproduktion, d. h. bei der äußeren Nutzung, voraussetzt, dass eine zeitliche Übereinstimmung von Abfallenergieangebot und Bedarf vorliegen muss. Bei der regenerativen Nutzung ist das a priori gegeben. Da das bei der äußeren Nutzung nicht immer vorausgesetzt werden kann, sind in diesem Zusammenhang entweder hinsichtlich der Belastung flexible Strukturen zu entwickeln und zu untersuchen oder der Einsatz von Speichern. Unter flexiblen Strukturen können z. B. Schaltungen für die Kraft-Wärme-Kopplung als verbundene Gegendruckmaschine oder als Entnahme-Kondensationsschaltung verstanden werden. Auch die Aufteilung von Erzeugeraggregaten auf mehrere kleine Anlagen statt einer großen, wie z. B. bei Motormodulen von BHKW und kürzlich für Heizkessel vorgeschlagen, stellt eine Maßnahme in dieser Richtung dar. Bei der Kopplung von industrieller Wärmeabgabe mit Fernheiznetzen stellt sich das Problem, dass das geordnete Verbrauchsdiagramm

Tab. 2.4 Mögliche Prozesse zur Nutzung von Abfallenergie

			Möglichkeiten der Umwandlung der Abfallenergie in die Energiearten					
Energieart	Art der Bereitstellung	Art der Abfallenergieabfuhr	chemische Energie	mechanische Energie	elektrische Energie	Nieder-tempera-turwärme	Hoch-tempe-ra-turwärme	Kälte
chemische Energie	Stoff	Fackel	Stoffrückführung	Verbrennungsmotor	Brennstoffzelle	Dampfkessel	Industrieofen	Kältemischung
mechanische Energie	Pumpen, Verdichter	Drosselventil	mechanochemische Reaktion	Peltonrad	Generator	Reibung, Wärmepumpe	Reibung, Wärmepumpe	Kompressionskältemaschine
elektrische Energie	Elektroden	Joulesche Wärme	Elektrolyse	Elektromotor	Transformator	Widerstandsheizung	Widerstandsheizung	Peltier-Effekt
Niedertemperaturwärme	Dampf	Kühlwasser	Destillation	rechtsläufiger Kreisprozess	Turbine-Generator-Kombination	Wärmeüberträger	Wärmepumpe	Absorptionskältemaschine
Hochtemperaturwärme	Industrieofen	Kühler	endotherme Reaktion	rechtsläufiger Kreisprozess	Turbine-Generator-Kombination	Abhitzekessel	Wärmeüberträger	Absorptionskältemaschine
Kälte	Linksprozess	Wärmeübertragung	Reaktion bei $T<T_U$	rechtsläufiger Kreisprozess	Thermoelement	Wärmepumpe	Wärmepumpe	Wärmeüberträger

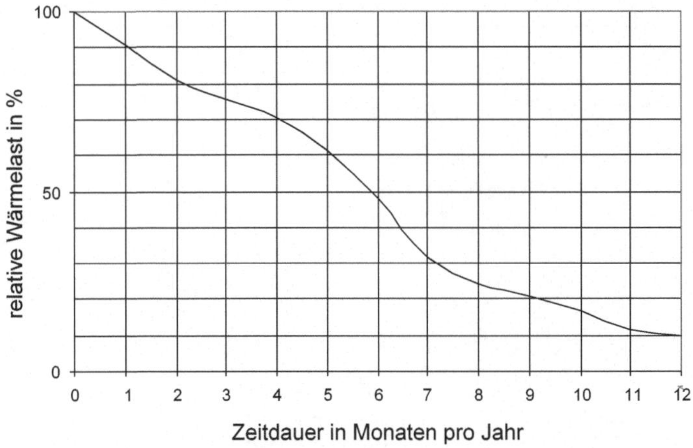

Abb. 2.5 Geordneter Verlauf der Wärmelast in einem Wärmenetz

(Abb. 2.5) eine deutliche Profilierung zeigt, während von der industriellen Wärmeabgabe konstante Grundlastverhältnisse gefordert werden.

Dieser Fakt führt dazu, dass nicht die mögliche Höchstlastabgabe für die Wärmenutzung maßgebend ist, sondern eine häufig viel kleinere Leistungsgröße, weil allein sie eine konstante Abgabe ermöglicht. Eine interessante Lösung sind regelbare Verbraucher, die die Lastprofilierung ausgleichen können. Prinzipiell eignen sich hierfür z. B. elektrochemische oder auch plasmachemische Verfahren für die Elektroenergie, die deshalb zweckmäßig mit dem öffentlichen Netz gekoppelt sein können. Interessant ist auch immer wieder der Einsatz von Speichern. Bei festen Produkten können z. B. Stoffspeicher eingesetzt werden, die keine erheblichen Apparateaufwendungen erfordern. In Verbindung mit der Photovoltaik sind wieder Hochleistungsbatterien als Speicher vorgeschlagen worden. Auch thermochemische Niedertemperaturspeicher auf der Basis der Kopplung von Wasserdampf und Zeolithen werden erneut angesprochen. Ein interessanter Vorschlag ist in Verbindung mit dem Straßenbau in den Niederlanden unterbreitet worden. Der Asphalt sollte im Sommer gekühlt und im Winter vor Vereisung geschützt werden. Das könnte mit Wasser realisiert werden, das in lockeren Sandschichten gelagert wird und über geeignete Rohrleitungssysteme zu einem jahreszeitlichen Ausgleich führt.

Und schließlich muss bei der Abfallenergienutzung eine räumliche Übereinstimmung von Angebot und Verbrauch vorliegen. In Abb. 2.6[2] ist die räumliche

[2] Vgl. [6]. Die Abfallmengen sind sehr unterschiedlich, weshalb sie als Projektion von Kugeln dargestellt sind ($E \sim D^3$). Die Schraffur weist zum Zeitpunkt der Erfassung auf bereits

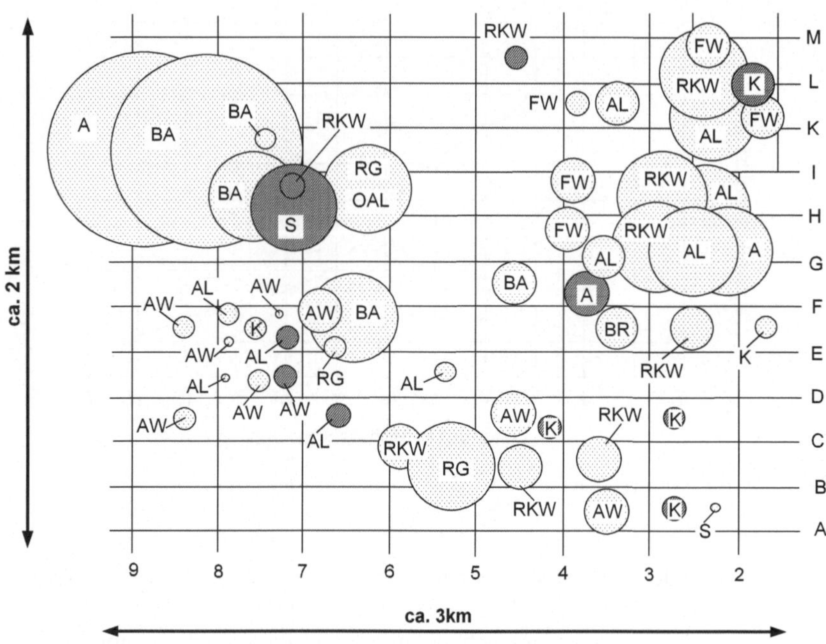

Abb. 2.6 Beispiel für die räumliche Verteilung des Abfallexergieanfalles in einem Chemiekomplex

Verteilung des Abfallenergieangebotes in einem Chemiebetrieb angegeben. Es ist offensichtlich, dass zunächst von territorial gebundenen Nutzungsmöglichkeiten auszugehen ist. Eine Erweiterung des Untersuchungsbereiches erreicht man, wenn die verschiedensten, den jeweiligen Energiearten angepassten Möglichkeiten des Energietransportes einbezogen werden. Das bedeutet, dass als zusätzliche Aggregate Energienetze der verschiedensten Form in die Betrachtung einzubeziehen sind. Es muss aber bemerkt werden, dass auch diese Form der Erweiterung der Nutzungsmöglichkeiten von Abfallenergie nur durch zusätzliche apparative und anlagentechnische Aufwendungen erkauft werden kann. Das ist auch das zentra-

erkannte Nutzungsmöglichkeiten hin. Außerdem wurde die Bindung der Abfallenergie an unterschiedliche Medien erfasst, weil damit technische Probleme bei ihrer Nutzung verbunden sein können: A – Abfälle, AL – Abluft, AW- Abwasser, BA – Brennbare Abfälle, BR – Brennstoffe, FW – Flusswasser, K – Kondensat, OAL – Organische Abfälle in Luft, RKW – Rückkühlwasser, RG – Rauchgas, S – Staub.

le Problem bei der Ausnutzung von industrieller Abwärme zur Bereitstellung von Niedertemperaturwärme in Nah- oder Fernheiznetzen.

Der Vollständigkeit halber sei noch auf Verluste verwiesen, die bei instationären Betriebsoperationen und im Leerlauf von Apparaten und Maschinen auftreten. Verluste der ersten Art sind häufig Speicherverluste, die durch das Aufwärmen und Abkühlen der Konstruktionsmaterialien auftreten. Aus diesem Grund ist bei energetischen Systemen der stationäre, quasi Grundlastbetrieb dem periodischen Betrieb vorzuziehen, wenn letzterer nicht durch technologische Forderungen vorgegeben ist. Dann kann aber durch aktiven Eingriff in den periodischen Prozess z. B. durch sog. Regeneratoren (wie sie beim Linde-Fränkl-Prozess zu finden sind) oder Wärmeräder eine Verlustverminderung, wenn nicht –vermeidung, erreicht werden. Auch der Einsatz der Regelung z. B. über Drosselungen zur Druckeinstellung erhält unter diesen Gesichtspunkten ein anderes Gewicht, das bei der Auslegung der Regelung selbst zu berücksichtigen ist.

Die Verluste der letzten Art sind auch Abfallenergie und häufig gegenüber den Verlusten beim stationären Betrieb zu vernachlässigen. Das gilt aber nicht mehr, wenn es sich um massenhaft eingesetzte technische Systeme handelt, wie z. B. elektrische Geräte, die durch die Stand-by-Schaltungen schon bis zu 10 % des Haushaltsstromverbrauches in Anspruch nehmen können.

Mit den vorstehenden Ausführungen sollten zunächst nur allgemein und prinzipiell die Möglichkeiten und Probleme der Abfallenergieverwertung aufgezeigt werden. Damit ist die Breite und Vielfalt der möglichen Aufgabenstellungen umrissen.

2.2 Erfassung und Bewertung der Abfallenergie

Nach der Definition der Abfallenergie muss versucht werden sie quantitativ zu erfassen, um damit zur Abschätzung zu kommen, inwieweit eine Verwertung angestrebt werden sollte oder nicht. Das sind Bewertungsprobleme, die je nach dem ins Auge gefassten Gesichtskreis die unterschiedlichsten Dimensionen besitzen können. Am naheliegendsten ist zunächst die thermodynamische Bewertung. Für energetische Überlegungen basiert diese auf der Energiebilanz. Für das in Abb. 2.1 angegebene Verfahrensschema gilt auf Grund des Energieerhaltungssatzes

$$W^I = W_Z = W^O \tag{2.1}$$

Die abgegebene Energie kann aufgeteilt werden

$$W^O = W_P + W_V \tag{2.2}$$

mit W_P als die Energie, die an den mit dem Verfahren erzeugten Nutzstrom gebunden ist, und die Energie W_V, die naturwissenschaftlich oder technisch bedingt bei diesem Verfahren neben dem Zielprodukt anfällt. Sie kann darüber hinaus Energiebeträge enthalten, die bei der Anpassung der Produktparameter an die Umgebungsparameter anfallen. Bei vielen Verfahren ist es möglich, diese Energie mit der Abwärme gleichzusetzen, eine Verallgemeinerung ist aber falsch, wie schon diskutiert worden ist. Selbst wenn diese Vereinfachung nicht zugrunde gelegt wird, sind aus der Energiebilanz nur unzureichende Konsequenzen hinsichtlich der energetischen Verbesserung des Verfahrens zu ziehen. Denn der offensichtlich beste Prozess wäre derjenige, der keine Anfallenergie aufweist, bei dem also $W_V = 0$ ist. Diese Aussage ist unzureichend, da neben dem so definierten äußeren Verlust bei allen realen Prozessen, d. h. im Verfahren, eine Abwertung der eingesetzten Energie erfolgt und die im Allgemeinen stattfindende Anpassung der intensiven Zustandsparameter des Nutzstroms an die der Umgebung gleichfalls durch Prozesse erfolgt, die zu weiteren Abwertungen der eingesetzten Energie führen. Diese Zusammenhänge vermag die Energiebilanz nicht zum Ausdruck zu bringen, das ist nur möglich unter Zuhilfenahme der Aussagen des II. Hauptsatzes der Thermodynamik. Diese können quantifiziert werden mit einer Zustandsgröße, die als Entropie bezeichnet wird. Sie kann für Wärme- und Stoffströme berechnet werden, mechanische Leistungen sind entropielos. Von besonderer Bedeutung ist, dass die Entropie bei allen natürlichen und technischen Prozessen zunimmt. Nur für den Grenzfall, dass ein Prozess wieder vollständig rückgängig gemacht werden kann, ohne dass „Spuren" zurück bleiben, bleibt sie konstant. Diese theoretischen Grenzfälle werden als reversible oder umkehrbare Prozesse bezeichnet. Bezeichnet man die Entropie als S, so lässt sich der II. Hauptsatz in der Form angeben

$$S^O - S^I = \Delta S \geq 0 \tag{2.3}$$

Die Entropiebilanz z. B. bei stationären Prozessen ergibt einen positiven Rest, lediglich für den theoretischen Grenzfall, dass dem Verfahren nur reversible Prozesse zugrunde gelegt werden, ist diese Differenz gleich Null. Mit $S^O = S^I$ bleibt die Entropie konstant. Eine Abnahme der Entropie deutet auf einen unmöglichen Prozess, dessen Realisierung die Existenz eines perpetuum mobile II. Art voraussetzt. Wie schon angedeutet, können alle realen Prozesse nach der Einführung des Begriffes der reversiblen oder umkehrbaren Prozesse als irreversibel oder nichtumkehrbar klassifiziert werden. Sie führen durch den Abbau von Potenzialgefällen zu einer Entwertung der Energie. Dagegen sind die durch den Grenzfall der Reversibilität gekennzeichneten „Modell"-Prozesse als die energetisch bestmöglichen anzusehen, da bei ihnen nicht nur die Quantität der Energie erhalten bleibt sondern auch ihre Qualität, ausgedrückt durch das Potenzialniveau.

Für das in Abb. 2.1 angegebene Verfahren gilt nach dem II. Hauptsatz

$$S^I < S^O$$

oder als Bilanz

$$S^I + \Delta S_{Vi} = S^O,$$

wenn mit ΔS_{Vi} die Entropiezunahme infolge der realen, d. h. nichtumkehrbaren Prozesse, die im Verfahren angewandt werden, bezeichnet wird. ΔS_{Vi} wird als Entropieproduktion des Systems bezeichnet und kennzeichnet den Grad der Irreversibilität. Der Entropiestrom S^O kann in zwei Ströme aufgeteilt werden, den an den Nutz- bzw. Produktstrom gebundenen S_P und den an die energetischen Verluste gebundenen S_V,

$$S^O = S_P + S_V. \tag{2.4}$$

Bei der Erweiterung der naturwissenschaftlichen Betrachtung zur technischen Sichtweise ist davon auszugehen, dass das Verfahren in eine Umgebung eingebettet ist, die thermodynamisch als ein Reservoir anzusehen ist. So kann die Umgebung mit ihren intensiven Zustandsparametern als ein natürlicher Bezugspunkt für die weitergehende Einschätzung des Verfahrens angesehen werden. Führt man für die Entropie des Nutzstroms auf dem Niveau der Umgebung die Bezeichnung S_P^U ein, so kann als ein Grenzfall

$$S_P = S_P^U$$

sein, was dann eine reversible Abgabe des Nutzstroms bedeuten würde. Im Allgemeinen wird aber sein

$$S_P \neq S_P^U,$$

d. h. die Entropie des Nutzstroms unterscheidet sich von der auf dem Umgebungsniveau. Da nun von der Quantität her die Umgebung sehr viel größer als die Abgabequantitäten des Verfahrens sind, wird sich während und nach der Nutzung ein Prozess des Überganges in den Umgebungszustand vollziehen, der zu entsprechenden Nichtumkehrbarkeiten und damit Energieentwertungen führt. Diese können als äußere Nichtumkehrbarkeiten bezeichnet werden.

Die äußeren Energieverluste des Verfahrens sind gleichfalls Entropieträger, deren Endpotenzial auch durch das Umgebungsniveau gegeben ist. Die Abgabe ist nicht umkehrbar, so dass gilt

$$S_V \neq S_V^U,$$

was gleichfalls äußere Nichtumkehrbarkeiten bedeutet. Die Gesamtheit der äußeren Nichtumkehrbarkeiten ist demnach

$$\Delta S_a = (S_P - S_P^U) + (S_V - S_V^U) \tag{2.5}$$

Die durch diese Nichtumkehrbarkeiten gekennzeichneten Prozesse verursachen insgesamt die Abfallenergie im thermodynamisch umfassenden Sinn. Sie thematisieren die Ursachen für das Auftreten der Abfallenergie und geben unmittelbar Ansatzpunkte für eine Verbesserung des Verfahrens an. Da die energetisch beste Situation durch die reversible Prozessführung gegeben ist, ist jede Maßnahme, die zu einer Verminderung dieser Nichtumkehrbarkeiten führt, als eine Verbesserung im thermodynamischen Sinn anzusehen.

Schließlich muss noch darauf verwiesen werden, dass die Größe der äußeren Nichtumkehrbarkeiten nicht nur von den Potenzialdifferenzen zur Umgebung abhängt, sondern zunächst wesentlich durch die inneren Nichtumkehrbarkeiten bestimmt wird. Jede innere Nichtumkehrbarkeit kann eine zusätzliche, äußere, ungenutzte Wärmeabgabe also einen Energieverlust erzeugen. Bei der Diskussion um die Verwertung der Abfallenergie ist deshalb auf jeden Fall als beste Variante ihre grundsätzliche Vermeidung mit einzubeziehen.

In Abb. 2.2 sind diese Zusammenhänge mit einer Größe Exergie E veranschaulicht, die weiter vorn qualitativ diskutiert wurde. Die Größe Exergie enthält die Aussagen des II. Hauptsatzes der Thermodynamik und drückt die energetischen Zusammenhänge aus der Sicht der Technik aus. Die Exergie E ist definiert als der in einer definierten Umgebung in Arbeit umwandelbare Teil der Energie W. Der nicht in Arbeit umwandelbare Teil der Energie kann als Umgebungsenergie aufgefasst werden, da deren Umwandlung die Existenz eines perpetuum mobile II. Art voraussetzen würde. Dieser Teil der Energie wird als Anergie B bezeichnet. Mithin gilt

$$W = E + B \tag{2.6}$$

In dieser Form enthält die Exergie sämtliche Aussagen des II. Hauptsatzes, insbesondere die Tatsache, dass auftretende Nichtumkehrbarkeiten die Umwandelbarkeit der Energie in Arbeit vermindern. Für reale Prozesse gilt demnach kein Erhaltungssatz für die Exergie. Für das Verfahren nach Abb. 2.2 gilt

$$E^I > E^O$$

oder als Gleichung

$$E^I = E^O + \Delta E_{Vi}. \tag{2.7}$$

Die Minderung der Exergie kann als innerer Exergieverlust aufgefasst werden. Er ist unmittelbar an die nichtumkehrbare Entropiezunahme geknüpft. Es gilt nach Gouy und Stodola

$$\Delta E_{Vi} = T_U \ \Delta S_{Vi}, \tag{2.8}$$

T_U ist die Umgebungstemperatur. Physikalisch gesehen kann damit die Wirkung der nichtumkehrbaren Führung der Prozesse als eine Produktion von Wärme mit Umgebungstemperatur und damit als eine Anergie angesehen werden. Ein nichtumkehrbarer Prozess ist so immer mit einer Anergieproduktion verbunden.

Überträgt man die bei der Entropiediskussion gezogenen Schlussfolgerungen auf die Exergiebilanz, so lässt sich schreiben

$$E^I = E_P + E_{Va} + \Delta E_{Vi}. \tag{2.9}$$

Dabei sind E_P die an den Nutzstrom gebundene Exergie und

$$E_{Va} = E_V(W_V) + E(P) \tag{2.10}$$

die äußeren Exergieverluste des Verfahrens und die Verluste während und nach der Nutzung, die durch die Exergie der Abfallenergie und die Exergie des Nutzstroms gegeben sind, die bei den vorliegenden Bedingungen verwertet werden könnten. Dabei kann man schlussfolgernd als Abfallenergie die bei der Bereitstellung eines Produktes oder einer Dienstleistung neben dem eigentlichen Verfahrensziel über die Systemgrenze abgegebenen stofffreien und stoffgebundenen Exergieströme auffassen. Eine solche Definition ist thermodynamisch umfassend und technisch geeignet, die eigentlichen Verlustquellen aufzuzeigen und Ansatzpunkte für Verbesserungsstrategien zu liefern.

Aus den Energie-, Entropie- und Exergiebilanzen kann eine Vielzahl von spezifischen Beurteilungskennziffern abgeleitet werden. Sie sind gewöhnlich dimensionslos durch Einführung eines Eigenmaßstabes als Bezugsgröße und außerdem aus subjektiven Einschätzungen abgeleitet, je nachdem was als Nutzen und als Aufwand angesehen wird. Naturwissenschaftliche, technische und wirtschaftliche Gesichtspunkte stellen dabei oft unterschiedliche Aspekte in den Vordergrund. Auch wird häufig von Teilbilanzen ausgegangen, die natürlich unvollständige Aussagen liefern und keine Extrapolationen zulassen. Naturwissenschaftlich begründet sind lediglich die durch Nichtumkehrbarkeiten verursachten Exergieverluste, die aber direkt in den Energiebilanzen nicht auftreten. Deshalb werden häufig für energetische Betrachtungen Vergleichsprozesse zu Bewertungsaussagen benutzt. Das ist bei Kreisprozessen und Kraft- und Arbeitsmaschinen der Fall. Sie leisten häufig einen guten Einblick, sind aber nicht allgemein vergleichbar. In neuerer Zeit werden die angegebenen Güte-, Nutzungs- und Wirkungsgrade häufig durch Gesichtspunkte der Werbung negativ belastet.

Für den uns interessierenden Zusammenhang sind die Aussagen des II. Hauptsatzes von zentraler Bedeutung. Insofern bedeutet eine Verminderung der Nichtumkehrbarkeiten eine energetische Verbesserung. Ob eine so kreierte Lösung unter technischen Gesichtspunkten interessant ist, hängt im Wesentlichen von wirtschaftlichen Gegebenheiten ab. Damit kommt der wirtschaftlichen Bewertung ein spezifisches Gewicht zu. Das zentrale Problem bei der Abfallverwertung ist, wie schon in Abschn. 2.1. zum Ausdruck gebracht, dass einer möglichen Einsparung von Energie und damit laufenden Aufwendungen ein zusätzlicher einmaliger Aufwand an Apparaten oder Anlagen gegenüber steht. Dieser letzte steigt über alle Grenzen bei der Annäherung an die reversible Prozessführung, während die Einsparung an Energie in diesem Grenzfall ein endlicher Wert ist. Aus diesen gegenläufigen Tendenzen resultiert stets eine optimale Anlage. Dieser Sachverhalt ist in Abb. 2.7[3] dargestellt. Die unabhängige Variable ist in dieser Darstellung die Nichtumkehrbarkeit, ausgedrückt als Exergieverlust. Als Parameter für die optimalen Exergieverluste tritt ein Verhältnis von spezifischen einmaligen zu spezifischen laufenden Aufwendungen auf, das durch bestimmte ökonomische Kategorien gebildet und beeinflusst werden kann. Deshalb ist dieses dimensionslose Verhältnis nicht konstant sondern neben territorialen und zeitlichen Einflüssen von wirtschaftlichen und rechtlichen Gegebenheiten abhängig. Hinsichtlich der laufenden Aufwendungen sind das vor allem die Energiepreise und bei den einmaligen Aufwendungen neben den Abschreibungssätzen vordergründig die Investitionsaufwendungen oder Apparate- und Anlagenpreise. Wichtig ist, dass letztere nicht nur z. B. durch das Fertigungsniveau der apparateherstellenden Industrie sondern in der Gegenwart bei größeren Anlagen in hervorragendem Maße durch die Finanzierungsbedingungen, die jeweiligen Finanzierungsmodelle, bestimmt werden. Diese werden im besonderen Maße durch Zeitstrukturen festgelegt.

[3] An den Kurven stehen C für den einmaligen Aufwand, V für den variablen Aufwand und Σ für die Summenkurve mit einem Minimum.

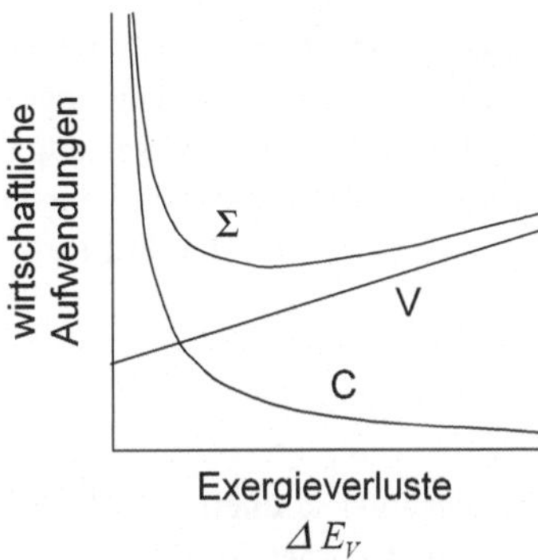

Abb. 2.7 Optimalprobleme in der Energietechnik

Die grundsätzlichen Zusammenhänge gelten für alle technischen Anlagen und so auch für die der Abfallenergieverwertung. Aus diesem Grund ist deshalb mit dieser Methode eine wirtschaftliche Bewertung von Maßnahmen der primären Nutzung der Abfallenergie ohne Einschränkung möglich (Abb. 2.3). Bei der sekundären oder äußeren Nutzung durch Kombination oder Kopplung sind für einige Modellierungsaufgaben ergänzende Überlegungen erforderlich.

Unproblematisch sind die Verhältnisse, wenn die an der Abfallenergieverwertung beteiligten Systeme mit den Ursprungssystemen zu einem Gesamtsystem zusammengefasst werden (Abb. 2.4). Dann kann die wirtschaftliche Bewertung in völliger Analogie zur primären Nutzung vorgenommen werden. Bei vielen Aufgaben ist ein solches Vorgehen nicht zweckmäßig oder gar nicht möglich. Dann müssen die zwischen den Systemen ausgetauschten Energieströme oder Leistungen durch Koppelfaktoren bewertet werden.

Für die Bestimmung der Koppelfaktoren existiert eine Vielzahl von Konzepten, die teilweise auch in der Praxis Eingang gefunden haben. Da die Aufwendungen dem Zielprodukt und der Abfallenergie zugeordnet werden müssen, unterscheidet die ökonomische Theorie zwischen Aufteilungs- und Restwertverfahren. Im ersten Fall werden die Gesamtkosten auf Zielprodukt und Abfallenergie bzw. –energien nach einem geeignet erscheinenden Schlüssel aufgeteilt, wobei meistens bestimmte physikalische Eigenschaften zugrunde gelegt werden. Die Restwertverfahren arbeiten mit der Festlegung der Koppelfaktoren durch bekannte ökonomische Werte, wie Preise und Tarife, und gleichen die Bilanz durch die auf diese Weise nicht bestimmbaren Produkt- oder Energieströme aus. In der technischen Literatur hat man sich vorwiegend mit Aufteilungsverfahren beschäftigt. Untersucht wurden folgende Konzeptionen:

1. Die Benutzung von Schattenpreisen (auch als Dualwerte, systembezogene Bewertungsgrößen, Lagrange'sche Multiplikatoren, Auflösungsmultiplikatoren, objektiv bedingte Bewertungen u.ä. bekannt). Es werden die Folgen der Änderungen der Randbedingungen auf den Wert der Zielfunktion als Bewertungsmaßstab verwendet. Mit F als Änderungswert der Zielfunktion wird

$$\frac{\partial F}{\partial c_i} = p_{Ni}.$$

2. Hierunter können auch Sensibilitätsuntersuchungen im weiteren Sinne eingeordnet werden.
3. Die Benutzung der Koeffizienten der partiellen Wirkung. Dieses Konzept, das auf Lagrange zurückgeht, benutzt als Bewertungsmaßstab die Änderung der Ausgangsgröße infolge Änderung der Eingangsgröße. Es gehört demnach auch zu den Sensibilitätsuntersuchungen.
4. Die Benutzung des Exergiekonzeptes, das als Bewertungsmaßstab die unbeschränkt umwandelbare Energie verwendet. Es ist möglich, Stoff- und Energieströme einheitlich zu erfassen, was natürlich für die stoffwandelnde Industrie von besonderem Interesse ist. Für die Benutzung dieses Modells spricht außerdem, dass der reversible Anteil der variablen Kosten exakt diesem Aufteilungsmodus unterliegt.
5. Die Benutzung von Vergleichsanlagen oder -prozessen, die bei getrennter Versorgung oder durch Substitution die gleichen Wirkungen wie die Nutzung der Abfallenergie erreichen.
6. Die Benutzung von gültigen Preisen. Letztere stellen bereits eine hoch aggregierte Form der ökonomischen Bewertung dar.

Aus der Sicht der Thermodynamik nehmen dabei die mit Hilfe des II. Hauptsatzes abgeleiteten Bewertungsgrößen eine gewichtige, weil aussagekräftige Position ein. Von besonderer Bedeutung sind hierfür exergetische Zusammenhänge. In Tab. 2.3 ist für Wärme und Kälte eine Temperaturfunktion angegeben, die das Verhältnis von Exergie zu Energie und damit den Anteil an arbeitsfähiger Energie bestimmt. Diese Temperaturfunktion kann als Carnot-Faktor oder auch als exergetische Temperatur bezeichnet werden. Sie stellt eine mögliche Bewertungsgröße für Wärme und Kälte dar. Für eine konstante Umgebungstemperatur ist diese Funktion in Abb. 2.8 dargestellt. Danach zeigt sich, dass für $T = T_U$ sich der Wert Null ergibt in Übereinstimmung mit der Aussage, dass Wärme von Umgebungstemperatur keinen Arbeitswert besitzt. Weiter geht der Wert für $T \rightarrow \infty$ zu Eins, was gleich der Feststellung ist, dass Arbeit identisch ist mit Wärme von unendlich hoher Tempe-

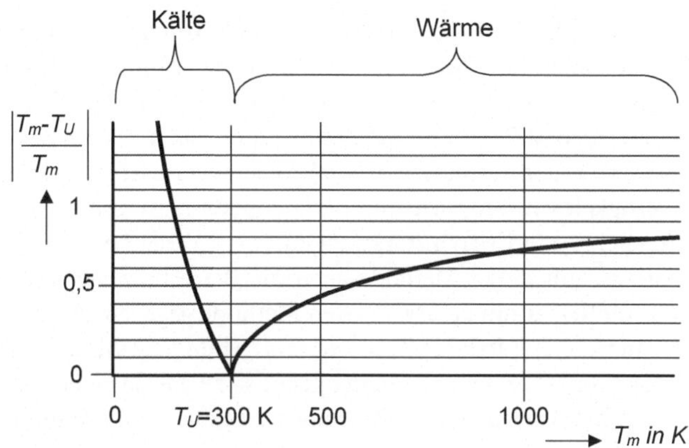

Abb. 2.8 Carnot-Faktor als Temperaturfunktion

Tab. 2.5 Die Temperaturabhängigkeit des Qualitätsfaktors f_Q für Abwärme

t_m in°C	f_Q	t_m in°C	f_Q	t_m in°C	f_Q	t_m in°C	f_Q
−30	−0,17	0	−0,04	30	0,07	100	0,23
−25	−0,14	5	−0,02	35	0,08	150	0,32
−20	−0,12	10	0	40	0,10	200	0,38
−15	−0,10	15	0,02	45	0,11	250	0,44
−10	−0,08	20	0,03	50	0,12	300	0,48
−5	−0,06	25	0,05	75	0,19	350	0,52

ratur. Bei sehr tiefen Temperaturen wächst diese Kenngröße über alle Grenzen zur Verdeutlichung der Aussage, dass der absolute Nullpunkt der Temperaturskala nur mit einem unendlich hohen Aufwand zu erreichen ist.

Der Verlauf dieser Temperaturfunktion wurde einem Bewertungsvorschlag für industrielle Abwärme zu Grunde gelegt, der Schwerpunkte für die Abfallenergienutzung aufzeigen sollte und auch belegte, dass die durch Abwärmenutzung mögliche Primärenergieeinsparung thermodynamisch begrenzt ist. Die Faktoren nach Tab. 2.5 wurden der Abwärmebewertung in Chemiebetrieben zugrunde gelegt, wobei die Multiplikation der Quantität der Abwärme mit dem Qualitätsfaktor die wesentlichste Bewertungsgröße lieferte. Neben der üblichen Erfassung der Quantitäten der Abwärme ist also noch die Erfassung der Temperaturniveaus erforderlich, wobei das höchste Verwertungspotenzial ausgewiesen wird, wenn man sich bei der Abgabe von Abwärme der heißen Seite des Wärmeübertragungsprozesses zuwendet. Die systematische Erfassung von Abwärme erfordert deshalb eine erste technologische Analyse. Außerdem sind für die Erfassung noch Erfassungs-, Nutzungsgrenzwerte und Regeln für die Bestimmung von mittleren Temperaturen festzulegen, was aber keine grundsätzlichen Probleme aufwirft. Wie man erkennt, nimmt die Wertigkeit von Abwärme mit der Temperatur zu und wird zu Null bei Umgebungstemperatur in Übereinstimmung mit dem Verlauf des Carnot-Faktors. Darüber hinaus ist mit dieser Methode auch die Bewertung von Kälteverlusten möglich, was unmittelbar mit keiner anderen Methode gegeben ist. Auf eine mögliche Erweiterung dieser Methode auch auf stoffgebundene Abfallenergieströme weist der Faktor τ_e in Tab. 2.3 hin, denn der grundsätzliche Gedanke besteht darin, neben der Abfallenergie wenigstens näherungsweise die Abfallexergie zu erfassen [Vgl. 7].

Für die Bewertung der Möglichkeiten zur Abfallenergieverwertung sind außerdem technische Gesichtspunkte zu beachten. Sie drücken sich über in Grenzen subjektive Festlegungen zum Nutzen des Verfahrens und über die Einschätzung einer möglichen Beeinflussbarkeit der Verluste oder deren Unvermeidbarkeit infolge der gewählten Technologie, der Konstruktionswerkstoffe oder eventuell auch der Produkteigenschaften aus. Zur Erfassung der mit derartigen Gesichtspunkten verbundenen Kriterien können Punktesysteme vorgeschlagen werden, die eine erste Abschätzung erlauben und damit Prioritäten setzen können.

Der in Tab. 2.6 angeführte Vorschlag wurde dem Entwurf der Wärmenutzungsverordnung und den begleitenden Stellungnahmen der Verbände entnommen und stellt ein Beispiel für die praktische Erfassung und Bewertung des technischen Abwärmepotenzials nach technisch-wirtschaftlichen Kriterien dar [2]. Hierbei wird der Wert einer Abwärme in Abhängigkeit der Eigenschaften Benutzungsstunden, zeitlicher Betriebsverlauf, abgebbare Wärmemenge, Abwärmetemperatur und Trägermedium der Abwärme abgeschätzt und in drei Bereiche nach einem Punktesystem eingestuft. Beim Vorschlag für das Punktesystem wurden Betriebe bzw. Anlagen mit einem jährlichen Energiebezug von weniger als 2.000 MWh/a als geringfügig nicht berücksichtigt.

Neben den thermodynamischen, technischen und wirtschaftlichen Gesichtspunkten für die Bewertung von Maßnahmen zur Abfallenergieverwertung sind noch weitere Dimensionen zu berücksichtigen, es sind dies unter möglichen anderen die juristischen, die sozialen und die historischen. Die juristischen Gegebenheiten können sich durch die Vorgabe von Grenzwerten, durch spezielle Genehmigungsverfahren und Betriebsvorschriften äußern und so Einfluss auf die Auswahl nehmen Die sozialen Einflussfaktoren kommen z. B. durch das Akzeptanzverhalten der Bevölkerung zum Ausdruck. Historische Zusammenhänge vermitteln Ansatz-

Tab. 2.6 Punktesystem zur technischen Bewertung der Nutzbarkeit von Abwärme

Benutzungsdauer in h/a	Punkte	abgebbare Wärme in MWh/a	Punkte
<1000	0	<2000	0
<2000	1	<5000	1
<4000	2	<20000	2
>=4000	3	<100000	3
zeitlicher Betriebsverlauf		<500000	4
Tagesgang		>=500000	5
unregelmäßig	0	Abwärmetemperatur in°C	
Maximum nachts	0	<110	1
konstant	0,5	<140	2
Maximum tagsüber	1	<250	3
Jahresgang		<300	4
unregelmäßig	0	>=300	5
Maximum im Sommer	0	Trägermedium	
konstant	0,5	Rauchgas, Wasser, Dampf, Brüden, gasf. kondens.	4
Maximum im Winter	1	Abluft, Abwärme, die durch Verbrennung frei wird	3
		sonst. flüssige und gasförmige Medien	1

Die Summe der Punkte bedeutet: <6 – schlechte Bewertung, <=12 – mittlerer Bewertung, > 12 – gute Bewertung.

punkte für öffentliche Argumentation und die Durchsetzung der Gedankengänge in der Fachwelt und begründen durch die Tradition bestimmte Entwicklungslinien.

Aus technischer Sicht sind, wie schon angesprochen, jeweils nur die Abfallenergien einzubeziehen, die unter den gegebenen Bedingungen auch beeinflussbar sind, d. h. es ist zwischen vermeidbaren und nicht vermeidbaren Verlusten zu unterscheiden. Es sei darauf hingewiesen, dass diese Unterscheidung primär vom Realisierungsstand des technischen Objektes abhängt. Im Entwurfsstadium liegen sehr viel größere Freiheitsgrade vor als im Betrieb. Es wird für Energiesysteme eingeschätzt, dass beim Entwurf, also bei schon getroffener Entscheidung über die jeweilige Technologie, etwa 50 % der Verluste beeinflusst werden können, während im Betriebszustand, bei vorhandener Anlage bestenfalls 5 bis 10 % beeinflusst werden können. Ohne damit die Notwendigkeit über Maßnahmen der Abfallenergieverwertung im Betrieb negieren zu wollen, wird doch damit das enorme Gewicht derartiger Überlegungen beim Entwurf und der Konstruktion technischer Artefakte und Systeme deutlich.

2.3 Der Entropiehaushalt technologischer Systeme

Der II. Hauptsatz der Thermodynamik gibt noch zu einer weiteren Überlegung Anlass, die gleichfalls von zentraler Bedeutung für die energetische Einschätzung der Artefakte ist, im vorliegenden Sinn der technischen oder technologischen Systeme. Alle technischen Systeme sind im thermodynamischen Sinne offene Systeme, die einen Massen- und Energieaustausch mit ihrer Umgebung realisieren. Darüber hinaus arbeiten sie in der Mehrzahl der Fälle und in der meisten Zeit im stationären Zustand. Sie lassen sich danach thermodynamisch als stationär durchströmte offene Systeme kennzeichnen. Diese Annahme soll auch den folgenden Überlegungen zugrunde gelegt werden. Angemerkt sei, dass eine Erweiterung auf instationäre und dynamische Systeme ohne weiteres möglich ist, da diese aber von der quantitativen Bedeutung her nicht im Vordergrund stehen, soll von ihnen zunächst abgesehen werden.

In derartigen Systemen können Zustände aufgebaut und erhalten werden, die sich gegenüber der Umgebung beliebig weit vom Gleichgewicht entfernt befinden. Das bedeutet letztendlich, ein Potenzialgefälle aufzubauen, das Prozesse ermöglicht, die entgegengesetzt den Richtungen verlaufen, die für natürliche Prozesse kennzeichnend sind. Prigogine hat gezeigt, dass dieser Sachverhalt bedeutet, dass im System ein niedrigeres Entropieniveau gegenüber der Umgebung und damit eine Entropieabnahme erreicht wird, indem durch Massen- und Energieaustausch ein Entropie-Export realisiert wird, der größer als die durch die Irreversibilität der Prozesse verursachte Entropiezunahme im System ist. Damit können neue Strukturen erzeugt werden, die in dieser Form nicht in der Umgebung existieren und die ein höheres Maß an Ordnung repräsentieren, wenn als Ordnung die Abweichung von der Gleichverteilung und damit vom Gleichgewicht verstanden wird. Über die statistische Interpretation der Entropie lässt sich dieser Gedanke weiter verfolgen, was aber zunächst an dieser Stelle unterbleiben soll. Es genügt die qualitative Aussage, dass ein höherer Ordnungszustand offensichtlich durch eine Abnahme der Entropie erreicht werden kann.

Dieser Zusammenhang gilt natürlich auch für die durch die Artefakte gegebenen technischen Systeme. Ihre Aufgabe ist, wie schon weiter vorn ausgedrückt, entweder natürliche Prozesse so zu beschleunigen, dass merkbare Effekte in für menschliche Zeitauffassungen interessantem Umfang entstehen, oder gar Prozes-

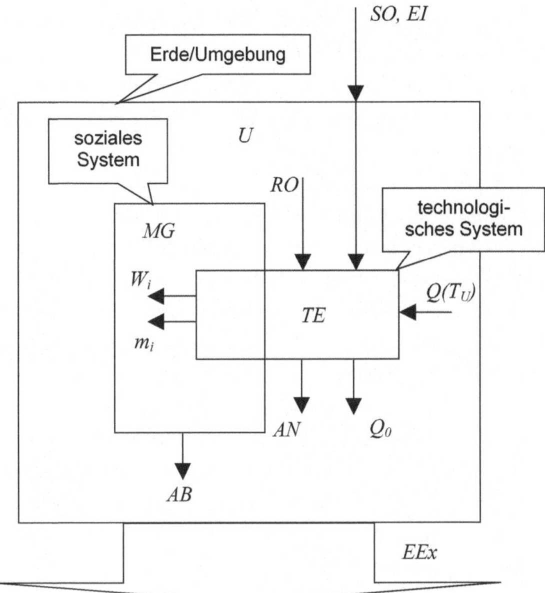

Abb. 2.9 Struktur der anthropogenen Globalbilanz der Erde

se entgegen dem natürlichen Ablauf zu erzwingen. In beiden Fällen ist ein Potenzialaufbau und damit ein Ordnungszustand durch die Artefakte zu realisieren, der diese Prozesse in der gewünschten Richtung und dem erforderlichen Umfang ermöglicht. Das ist aber nur möglich, wenn von dem System ein entsprechender Entropie-Export realisiert wird, der an die in die Umgebung abgegebenen Stoffe und die abgegebene Wärme gebunden ist, da nur diese als Entropieträger in Frage kommen. Abfallstoffe und Abfallenergie gewinnen unter diesem Aspekt für die Gestaltung des Artefaktes eine positive Aufgabe. Als Entropieträger ermöglichen sie entgegen dem natürlichen Ablauf und in einer zunächst wenig strukturierten und damit ungeeigneten Umgebung den notwendigen Potenzialaufbau zur Realisierung der gewünschten Prozessabläufe. Ihre Verminderung würde zu einer Einschränkung der Möglichkeiten im System führen, da damit nur geringere Entropiezunahmen durch Nichtumkehrbarkeiten zugelassen werden können.

Zur weiteren Verfolgung dieses Gedankenganges in Hinblick auf energietechnische und energiewirtschaftliche Probleme in der Gesellschaft ist das Bedingungsgefüge Artefakte und Umgebung, das Voraussetzung für die Existenz offener Systeme ist, näher zu charakterisieren. Das ist schematisch in Abb. 2.9 versucht worden.

Es ist mindestens von der Wechselwirkung zwischen drei Teilsystemen auszugehen – der menschlichen Gesellschaft oder dem Sozialsystem, dem System der Artefakte oder dem Technologiesystem und der Umwelt oder dem Umgebungssystem im engeren Sinn, das nach Wernatzkij allgemein auch als Noosphäre bezeichnet werden kann.

Das Sozialsystem stellt in Form der individuellen und gesellschaftlichen Bedürfnisse die Führungsgrößen für das Technologiesystem. Sie äußern sich letztendlich in Forderungen nach der Bereitstellung bestimmter Stoff- (m_i) und Energieströme (W_i) zu bestimmten Zeiten und an bestimmten Orten. Zu den individuellen Bedürfnissen zählen die Anforderungen, die sich aus den Komplexen Nahrung, Kleidung, Wohnung, Transport und Verkehr sowie Kommunikation ableiten lassen. Unabhängig davon, ob es sich um materielle oder ideelle Bedürfnisse handelt, sind für die vorliegenden Überlegungen die sich daraus ergebenden Quantitäten für Stoffe und Energien interessant. Die gesellschaftlichen Bedürfnisse sind auf die Vergesellschaftung und die damit zusammenhängenden Probleme zurückzuführen, wie z. B. der Urbanisierung, und solche Prozesse, die aus irgendwelchen Gründen nur summarisch und nicht individuell sinnvoll zu quantifizieren sind.

Im Gegensatz zu der Gesellschaft der Jäger und Sammler, die sowohl von der Quantität als auch von der Qualität her gesehen ihre Bedürfnisse unmittelbar im Austausch mit der Umwelt befriedigen konnte und dort nur infinitesimale Veränderungen verursachte, haben heute die stofflichen und energetischen Anforderungen in jeder Beziehung Größenordnungen erreicht, die durch die natürlichen Gegebenheiten in keiner Weise zu befriedigen sind. Das lässt sich durch die Tragefähigkeit eines Quadratkilometers quantifizieren. Mit dem Konzept der Tragefähigkeit wird erfasst, wie viel Exemplare einer bestimmten Art ein abgegrenzter Lebensraum auf Dauer maximal beherbergen kann. In dem Begriff der Tragefähigkeit fließen zwei Größen ein: zum einen die Quantität der für die eigenen Interessen benutzten Naturreserven, d. h. der Anteil an der Primärproduktion, zum anderen aber auch die Qualität, d. h. die Intensität der Nutzung pro Einheit Naturverbrauch. Dem Menschen gelingt es, durch die Umwandlung von Natur in Kulturflächen, die Tragefähigkeit zu beeinflussen [3]. Es wird eingeschätzt, dass auf dem Niveau der Jäger und Sammler die Tragefähigkeit 0,0007 bis 0,6 betrug, für die moderne Industriegesellschaft 140–300 Menschen, mithin ein Unterschied von vielen Größenordnungen. Die Befriedigung der hierdurch verursachten Bedürfnisse erfordert den Einsatz von Artefakten, die, im Technologiesystem zusammengefasst, einen gegenüber der Umwelt höheren Ordnungszustand und mithin niedrigeres Entropieniveau darstellen. Das System, über das das Sozialsystem letztendlich mit der Umgebung korrespondiert und das durch die hierzu erforderlichen Artefakte gegeben ist, soll als Technologiesystem bezeichnet werden. Es umfasst natürlich die materiell-technische Seite mit den jeweils konkreten Funktionsaufgaben, soll aber nicht nur auf sie beschränkt sein. Unter einem technologischen System oder auch Verfahren soll die Gesamtheit aller erforderlichen Prozesse in ihrer notwendigen Ordnung zur Herstellung eines marktgerechten Produktes, das ein bestimmtes individuelles oder gesellschaftliches Bedürfnis zu befriedigen vermag, verstanden werden. Damit umfasst dieses System nicht nur die Produktions- sondern auch die hiermit verbundenen Arbeitsprozesse und führt neben den technischen Problemen unmittelbar zu wirtschaftlichen, juristischen, sozialen Zusammenhängen und Wechselwirkungen, deren Lösung und Verfolgung eine entsprechende interdisziplinäre Aussage erfordert.

Schließlich erweitert eine solche Auffassung auch den von der Technik bisher zu verantwortenden Bereich. Die Technik ist in diesem Sinn nicht mehr nur verantwortlich für die Funktion der Artefakte sondern auch für deren „Biographie", das beginnt bei der Herstellung und dem Aufbau, geht über die gesamte Lebenszeit des Artefaktes bis zum Abbau und der vollständigen Beseitigung. Und darüber hinaus müssen in die Betrachtungen auch die Konsequenzen einbezogen werden, die sich aus Störfällen bis hin zu Katastrophen der Artefakte ergeben, da die hierdurch entstehenden Belastungen auch wiederum nur mit technischen Mitteln eingedämmt oder verhindert werden können.

Zur Erfüllung seiner Aufgaben, d. h. die Bereitstellung der stofflichen (m_i) und energetischen Produkte (W_i) zur Bedürfnisbefriedigung, muss das Technologiesystem einen zunächst durch Erhaltungssätze gegebenen Stoff- und Energieaustausch mit der Umgebung, das ist für unsere Verhältnisse die Umwelt auf dem Planeten Erde, realisieren. Das bedeutet die Entnahme von Rohstoffen und Rohenergien einerseits und die Abgabe der umgewandelten und verbrauchten Endprodukte andererseits. Die damit zusammenhängenden Probleme sind gerade in der heutigen Zeit offensichtlich und erfordern eine adäquate Diskussion. Dazu muss der Begriff des Umgebungssystems oder der Umwelt, als dem dritten Teilsystem in dem Strukturbild, etwas näher gekennzeichnet werden, um es letztendlich auch quantitativen Überlegungen zugrunde legen zu können.

Bisher wurde der Begriff Umgebung mehr im kybernetischen Sinn gebraucht. Er kennzeichnete damit alles, was sich außerhalb des Systems befand. Die sich hieraus ergebenden Wechselwirkungen werden natürlich auf die für das Problem wesentlichen beschränkt, das sind im vorliegenden Fall die energetisch relevanten. Zur Kennzeichnung der Umgebung sind aber noch weitere Aspekte zu berücksichtigen, das sind zunächst die technischen. Die Umgebung ist so zu definieren, dass Aufwände und Nutzen der Artefakte richtig widergespiegelt werden. So ist Heizen nur im Winter und Kühlen nur im Sommer erforderlich und mit entsprechenden Aufwendungen verbunden. Die Kühlung im Winter und die Heizung im Sommer zur Herstellung z. B. eines bestimmten Raumklimas sind von selbst verlaufende natürliche Prozesse. Daraus folgt, dass die Umgebung durch entsprechende Raum- und Zeitfunktionen gekennzeichnet werden muss.

Aus der Sicht der Thermodynamik, die, wie schon ausgeführt, grundlegende Aussagen zum energetischen Geschehen zu machen vermag, ist eine Umgebung sinnvoll, die im Gleichgewicht vorliegt, dann finden in ihr keine von selbst verlaufenden Prozesse statt und sie selbst kann als arbeits- und exergielos definiert werden. Umgebungsenergie ist Anergie. Außerdem ist es zweckmäßig, der Umgebung Reservoireigenschaften beizumessen, weil dann die Wechselwirkungen zwischen System und Umgebung aus den Eigenschaften des Systems und deren Änderungen allein zu quantifizieren ist. Aber schließlich ist es auch sinnvoll, die Umgebungsdefinition an der realen Umwelt zu orientieren, denn mit den Untersuchungen sollen reale Aufgaben und nicht nur akademische Übungen bewältigt werden. Das bedeutet, dass man sich, wenn Prozesse aus der „unbelebten" Sphäre behandelt werden sollen, an der Atmosphäre, der Hydrosphäre und der Lithosphäre orientieren muss. Soll die belebte Sphäre einbezogen werden, z. B. durch Probleme der Land- und Forstwirtschaft, ist die Umgebung als Biosphäre zu kennzeichnen. Da letzten Endes der Mensch auf diesem Planeten schon überall seine Spuren hinterlassen hat, ist u. U. der anthropogene Gesichtspunkt zu berücksichtigen, der die Umgebung sinnvollerweise als Noosphäre zu charakterisieren verlangt.

Diese Zusammenhänge führen dazu, dass nicht eine allgemein gültige Umgebungsdefinition sondern nur eine Vorgehensweise angegeben werden kann, wie für den konkreten Fall und die konkrete Aufgabe eine Umgebungsdefinition als Kompromiss der sich teilweise widersprechenden Anforderungen zu finden ist. Das ist zwar erschwerend aber eher ein Vorteil, weil damit das jeweilige Problem in ausreichender Schärfe und Genauigkeit quantifiziert werden kann.

Zur Verdeutlichung folgende Überlegung: Die relevanten Parameter der Umgebung sind im Allgemeinen durch Funktionen der Art

$$U = U(x_i, \tau) \tag{2.11}$$

gegeben, dabei soll x_i auf die Raumkoordinaten und τ auf die Zeit hinweisen. Die Umgebung liegt demnach weder räumlich noch zeitlich im Gleichgewicht vor. Sonderfälle sind gegeben durch

$$U = U(\tau) \tag{2.11a}$$

$$U = U(x_i) \tag{2.11b}$$

Mit G. (2.11a) können Zeitfunktionen verfolgt werden, wie der Tages- und Jahresgang. Für die Verfolgung von Aufgaben der Heiz- und Klimatechnik aber auch z. B. in Verbindung mit der landwirtschaftlichen Produktion können Umgebungsdefinitionen dieser Art interessant sein. Am Rande sei darauf hingewiesen, dass derartige Definitionen auch für die Verfolgung langfristiger Klimaprozesse auf der Erde interessant sein können.

Die durch die G. (2.11b) definierten Umgebungszustände können z. B. von Interesse sein, wenn der Einfluss der Kühlungsprozesse auf die Arbeitserzeugung in Wärmekraftmaschinen für unterschiedliche geographische Breiten untersucht wird, um daraus technische Konzeptionen abzuleiten. Sie sind aber auch in Verbindung mit der Kennzeichnung von Lagerstätten oder auch von räumlich eingrenzbaren Umgebungsbelastungen oder der Auswirkungen von Deponien von Interesse. Damit können dann auch Diskussionen um die Zeithorizonte bis zur Ausbeutung von Lagerstätten geführt werden u. ä. Auch die Ermittlung zulässiger Belastungen kann von dieser Position her erfolgen.

Für viele technische Aufgaben ist es möglich, der Umgebung Reservoireigenschaften beizulegen. Das bedeutet

$$d\,u = \frac{U}{m_U} \rightarrow 0 \quad und \quad m_U \rightarrow \infty.$$

Die intensiven Zustandsgrößen der Umgebung bleiben konstant, was nur möglich erscheint, wenn die Umgebung gegenüber dem System als unendlich großes Reservoir angegeben werden kann. Diese Annahme erfordert ein zusätzliches Axiom, da entweder bei endlicher Umgebung die Konstanz der intensiven Zustandsparameter im Gegensatz zu der Gültigkeit der Erhaltungssätze zu fordern ist oder bei unendlich großer Umgebung die Annahme eines Gleichgewichtes. Die quantitativen Verhältnisse sind aber so, dass diese Annahmen im Rahmen der möglichen Rechengenauigkeit für viele technischen Aufgaben zugrunde gelegt werden können. Die Konstanz kann auch durch geeignete zeitliche oder räumliche Mittelwertbildung erreicht werden. Es gilt dann

$$U = U_m = const.$$

Unter diesen Voraussetzungen ist auch ein Gleichgewicht in der Umgebung gegeben. Man spricht aber in diesem Fall besser von einem gehemmten Gleichgewicht, da mit der jeweiligen Festlegung physikalisch denkbare Wechselwirkungen unterdrückt oder zumindest als unwesentlich eingeschätzt werden. Für diese Gegebenheiten ist dann mit Gewinn das Exergiekonzept einsetzbar.

Zur Vervollständigung dieser Diskussion kann nun der Stoff- und Energieaustausch zwischen den drei Teilsystemen umfassend angegeben werden. Die Bedürfnisse des Sozialsystems äußern sich gegenüber dem Technologiesystem im

Stoffverbrauch $m_i = m_i(x_i, \tau)$ und
Energieverbrauch $W_i = W_i(x_i, \tau)$,

die beliebig strukturiert und räumlich und zeitlich verteilt sein können. Als Input für das Technologiesystem stehen zur Verfügung

Einkommensquellen – der Strahlungs-Import durch die Sonne *SO* und die Gezeiten,
Vermögensquellen – Rohstoffe *RO*, Primärenergieträger *PET* und geothermische Energie.

Wie schon aus der Bezeichnung abzulesen, sollen unter Einkommensquellen solche verstanden werden, die für menschliche Dimensionen beliebig lange zur Verfügung stehen, deren Leistungsangebot aber beschränkt ist (Solarkonstante 1,4 kW/m^2). Demgegenüber sind Vermögensquellen durch die auf der Erde vorhandenen Vorräte der interessierenden Stoffe und Energieträger gegeben. Diese Quellen sind dadurch charakterisiert, dass das jeweilige Leistungsangebot sich nach den Anforderungen der menschlichen Gesellschaft richten kann, während die Absolutmenge, d. h. z. B. der gespeicherte Energiebetrag, häufig zwar groß aber doch endlich ist. Daraus lassen sich Zeithorizonte ihrer Nutzung ableiten, die bekanntlich zu kontroversen Diskussionen geführt haben.

Zur Qualifizierung dieser Diskussion ist zunächst der Zusammenhang zwischen der Umwandlungstechnologie und dem Begriff Vorrat oder Vorkommen aufzuzeigen. Als Beispiel stellen Uran und Thorium nur Energiequellen dar, wenn die Kernenergie über Kernkraftwerke ausgenutzt wird. Der Wert der betrachteten Vorräte wird um den Faktor 100 vergrößert, wenn es gelingt neben thermischen Reaktoren auch solche, die den Brutprozess ausnutzen, einzusetzen. Darüber hinaus wird durch die damit mögliche Veränderung der Kostenstruktur die wirtschaftliche Abbaugrenze von Rohenergievorkommen verschoben und werden auch ärmere Erze abbauwürdig. In ähnlicher Weise repräsentieren die offensichtlich enormen Vorräte von Gashydraten, die in den Tiefen der Weltmeere lagern, solange keine Vorräte, solange keine Technologie zu ihrer Gewinnung vorhanden ist.

Zum anderen ist zwischen Reserven und Ressourcen zu unterscheiden (s. Abb. 2.10). In dem Bild sind die erforderlichen Begriffe zur Kennzeichnung von Vermögensvorräten eingetragen. Es wird so deutlich, dass die Angabe eines Wertes

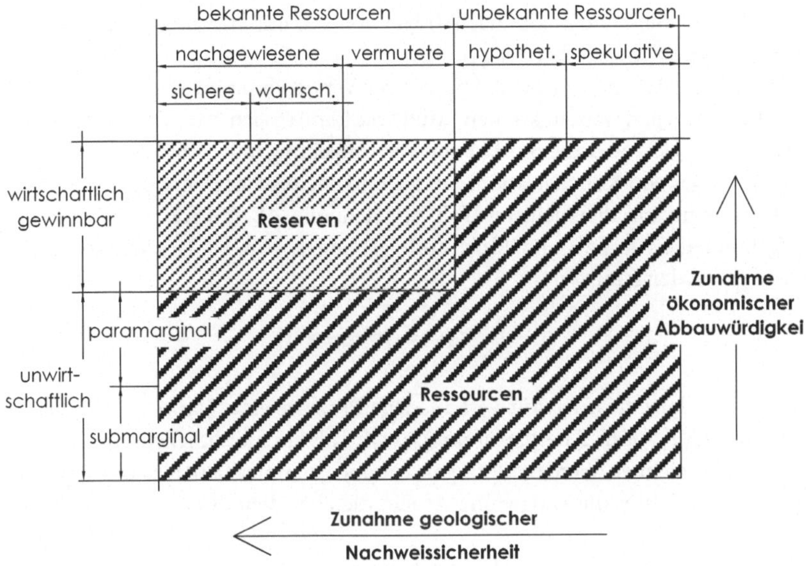

Abb. 2.10 Klassifizierung fossiler Energievorräte

wie z. B. der Ausbeutezeit oder der zu erwartenden Erschöpfung nur dann Aussagekraft für sich in Anspruch nehmen kann, wenn seine Bezugnahme eindeutig festgelegt ist. Zur weiterführenden Information sei auf die Literatur verwiesen.

Der Output des Technologiesystems (teilweise unter Einbeziehung des Sozialsystems) ist zunächst durch die Wärme Q_0 als stofffreie Energie gegeben. Sie kann bei $T >=< T_U$ anfallen, so dass damit auch Kälte erfasst ist. Die Wärme ist der wesentliche Teil der Abfallenergie. Daneben sind aber noch stoffgebundene Energien im Output des Technologiesystems zu berücksichtigen. Diese ergeben sich aus dem Unterschied zwischen dem Abgabezustand der Stoffströme aus der technologischen Umwandlung und dem Umgebungszustand. Danach lassen sich Anfall- und Abfallstoffe unterscheiden.

Anfallstoffe *AN* sind die Nebenprodukte, die beim Betrieb des technologischen Systems anfallen und sich vom Umgebungszustand in

der Temperatur ($T \neq T_U$),
dem Druck ($p \geq p_U$),
der Zusammensetzung ($\xi_i \neq \xi_{iU}$) und
der Stoffart ($g_i \neq g_{iU}$)

unterscheiden. Sie können demnach Träger von thermischer, mechanischer, Konzentrations- und chemischer Energie sein.

Abfallstoffe *AB* sind solche, die nach ihrer Verwendung im Sozialsystem in die Umgebung gegeben werden können (Müll). Sie können sich nur in der Zusammensetzung ($\xi_i \neq \xi_{iU}$) oder der Stoffart von der Umgebung unterscheiden. Sie können also nur Träger von Konzentrationsenergie und chemischer Energie sein.

Damit kann im allgemeinsten Fall Abfallenergie *AE* stofffrei an Wärme und stoffgebunden an Anfall- und Abfallstoffe gebunden sein, so dass symbolisch geschrieben werden kann

$$AE = Q0 + AN + AB \tag{2.12}$$

Die Gesamtbilanz erfordert für verschiedene Prozesse eine Wärmezufuhr aus der Umgebung $Q(T_U)$, eine Anergiezufuhr. Das wird als ein monothermischer Wärmeaustausch bezeichnet. Werden Stoffe mit Parametern unterhalb der der Umgebung abgegeben, so leistet die Umgebung Arbeit, die aber dem System gutgeschrieben wird.

Mit diesen strukturellen Vorstellungen kann die Entropiebilanz für das Technologiesystem verallgemeinernd in der Form geschrieben werden[4]

$$S^I + \frac{Q(T_U)}{T_U} + \Delta S_{Vi} = S^O = \frac{Q_0}{T} + S_{AN} - S_{ANU} + S_{AB} - S_{ABU} + S_P \tag{2.13}$$

mit

$$\Delta S_{Va} = \frac{Q_0}{T} + (S_{AN} - S_{ANU}) + (S_{AB} - S_{ABU}) \tag{2.14}$$

Vernachlässigt man $\frac{Q(T_U)}{T_U}$, so gilt

$$S^I + \Delta S_{Vi} = S^O = \Delta S_{Va} + S_P.$$

[4] Die Differenzbildung für die Entropien der Anfallstoffe und Abfälle (S_{AN}, S_{AB}) mit entsprechenden Entropien im Umgebungszustand (S_{ANU}, S_{ABU}) soll formal eine Bezugspunktfestlegung in der Umgebung analog dem Vorgehen bei der Exergieberechnung anzeigen und ist dann für alle Stoffströme gültig. Sie soll den Entropieproduktions- und insbesondere Exportmechanismus des Systems verdeutlichen. Inhaltlich wird die Bilanzgrenze um Austauschprozesse mit entsprechenden Stoffströmen in der Umgebung erweitert, die letztendlich zum dissipativen Übergang in den Umgebungszustand führen. Die dabei stattfindende Entropieproduktion bei der Wechselwirkung zwischen System und Umgebung, die zu einer Abgabe von Umgebungswärme führt, wird dem Entropieexport des Systems zugerechnet.

Daraus können nun die Schlussfolgerungen gezogen werden, die einzuhalten sind, wenn Konsequenzen für die energetischen Gegebenheiten auf der Erde aufgezeigt werden sollen:

1. Die Systemgrenzen um technologische Systeme sind stets so zu ziehen, dass die Stoff- und Energieabgabe an die Umgebung einbezogen und die Bilanzgrößen auf den Umgebungszustand bezogen werden.
2. Damit werden äußere Nichtumkehrbarkeiten in Übereinstimmung zu Abschn. 2.2. definiert, die durch die Entropie der Wärmeabgabe und die natürlichen Prozesse gegeben sind, die infolge der Abweichung der intensiven Zustandsparameter der Stoffströme von denen der Umgebung stattfinden.
3. Die Wärmeabgabe und die stofflich bedingten äußeren Nichtumkehrbarkeiten repräsentieren den erforderlichen Entropie-Export zur Aufrechterhaltung der Ordnungszustände im technologischen System und damit zur Kompensation der inneren Nichtumkehrbarkeiten infolge der natürlichen Prozesse im Technologiesystem.

2.4 Abfallenergieverwertung und Entropiewirtschaft

Von dieser Position ausgehend kann die eigentliche Aufgabe der Energiewirtschaft aufgezeigt werden. Diese ist nur zur Hälfte formuliert, wenn sie als ein Problem der Energiebereitstellung aufgefasst wird, denn die zugeführte Energie wird in Gänze auf Grund der Erhaltungssätze wieder an die Umgebung abgegeben. Das ist naturgesetzlich bedingt und erforderlich. Das Eigentümliche ist, dass diese Abgabe mit geringeren Qualitätsparametern als die Zufuhr erfolgt. Diese Qualitätsminderung kann durch die Entropiezunahme erfasst werden. Damit kann gesagt werden, dass die Abgabe dem Entropieniveau entspricht, das im System einen höheren Ordnungszustand als in der Umgebung gewährleistet, denn im technologischen System wird nicht primär Energie sondern ein bestimmter Ordnungszustand benötigt, der mit der Umgebung nicht im Gleichgewicht steht. Die Abfallenergie als Träger des Entropie-Exportes bestimmt dabei die Größenordnung der Freiheitsgrade für die Gestaltung der technologischen Systeme, die sich letzten Endes in den inneren Nichtumkehrbarkeiten niederschlagen.

Die Aufgabe der Energiewirtschaft in diesem Sinn besteht demnach in der Organisation des Entropie-Exportes zur Gewährleistung des erforderlichen Ordnungszustandes im Technologiesystem. Um diese Aufgabe rational und zielstrebig angehen zu können, ist deshalb statt von einer Energiewirtschaft besser von einer Entropiewirtschaft zu sprechen, denn, wie gezeigt worden ist, können viele für die Entropiewirtschaft wesentlichen Zusammenhänge in der rein energetischen Betrachtung überhaupt nicht zum Ausdruck gebracht werden.

Da die Wechselwirkungen zwischen Technologiesystem und Umgebung im Mittelpunkt der Betrachtung stehen, wie schon einleitend zum Ausdruck gebracht, lässt sich zwingend verdeutlichen, dass im zunehmenden Maße eine quantitative Verminderung dieser Wechselwirkungen als Tendenz anzustreben ist. Aus der Sicht der Entropiewirtschaft kann diese Zielstellung unmittelbar als eine Hinwendung zu annähernd reversiblen Prozessen interpretiert werden, da diese die geringsten energetischen Aufwendungen erfordern. Das bedeutet, dass die Entropiebilanz auf einem möglichst niedrigen Niveau zu realisieren ist. Daraus lassen sich unmittelbar Prinzipien einer Entropiewirtschaft ableiten. Die Konsequenzen können am einfachsten verdeutlicht werden unter der Voraussetzung, dass der Ordnungszustand im Technologiesystem aufrecht erhalten werden soll. Das bedeutet es soll nicht primär von einer Bedürfnisreduzierung ausgegangen werden. Andererseits können die folgenden Überlegungen auch mit einer Reduzierung der Bedürfnisse in Übereinstimmung gebracht werden, wenn diese z. B. mit einer Verminderung des gewünschten Ordnungszustandes verbunden sind. Für die genannte Annahme lassen sich die folgenden Zusammenhänge ableiten:

1. Entropie-Export in die Umgebung ist nicht nur durch die Abgabe thermischer Energie sondern auch gebunden an Stoffströme, die durch Ausgleichsprozesse eine Entropieproduktion in der Umgebung hervorrufen, möglich[5]. Zur physikalisch umfassenden Einschätzung des entropischen Geschehens für ein System ist deshalb nicht nur die Erfassung der Abfallenergie, sondern auch die der Abfall- und Anfallströme erforderlich. Von zentraler Bedeutung ist dabei der Müll, da dessen Ver- und Bearbeitung mit speziellen technischen Systemen erfolgt.

   Theoretische Grenzfälle des technologischen Systems sind das stoffdichte und das adiabate System. Stoffdichtheit kann durch entsprechende Gestaltung der Apparate- und Anlagentechnik erreicht werden. Die Bildung von Stoffkreisläufen, das Stoffrecycling spielt hierbei eine wesentliche Rolle. Stoffdichte Systeme erfordern einen Energieaustausch mit der Umgebung, allgemein in Form der Wärmetransformationsprozesse oder zumindest als die Abfuhr von Reibungswärme, da jeder Stofftransport mit Reibungserscheinungen verbunden ist. Solche Systeme sind charakteristisch für die Bereitstellung von stofffreien Energien wie Arbeit und Wärme.

   Rein adiabatische Systeme können nur natürliche, von selbst verlaufende Prozesse enthalten, was bedeutet, dass der Ausgangszustand im Ungleichge-

[5] Wenn hier vom Entropie-Export durch Stoffströme gesprochen wird, wird stillschweigend angenommen, dass die Entropie auf die Umgebung bezogen wird und demzufolge die Entropieproduktion beim Übergang in die Umgebung mit bilanziert wird.

wicht mit der Umgebung stehen muss. Seine Realisierung erfordert deshalb im Allgemeinen einen vorgeschalteten Prozess. Im Ergebnis solcher Prozesse werden Stoffe mit einem bestimmten Zustand zur Verfügung gestellt. Sie können deshalb der Stofferzeugung dienen. Andererseits ist aber auch ein Austausch stoffgebundener Energien möglich (z. B. Strahlapparat). Das Verhältnis zwischen stofflichem und thermischem Entropie-Export kann für ein Gesamtsystem auch bei Erhaltung des gleichen Ordnungszustandes z. B. in Gestalt der vom System bereitzustellenden Stoff- und Energieströme durch technologische Maßnahmen variiert werden. Damit wird einmal mehr auch von dieser Seite die Äquivalenz und Einheit von Stoff- und Energiewandlung verdeutlicht. Von besonderer Bedeutung sind diesbezüglich Müllverbrennungsanlagen, die damit wesentlichen Einfluss auf die Gestaltung der Entropiebilanz haben können. Damit kann als eine der ersten wesentlichen Grundprämissen für die Optimierung einer Entropiewirtschaft formuliert werden, dass Abfall„stoff"wirtschaft und Abfallenergieverwertung oder –nutzung nicht als isolierte Bereiche angesehen werden dürfen.
2. Die Größe des thermischen Entropie-Exportes wird durch die Temperatur der Wärmeabgabe bestimmt. Je niedriger die Temperatur der Wärmeabgabe ist, desto größer ist bei gleicher Quantität der Wärme der Entropie-Export, desto größer ist bei gleichem Input der Spielraum für die Gestaltung von Strukturen im System. Die natürliche Grenze für die Absenkung der Temperatur ist die Umgebungstemperatur. Aus dieser Sicht sind demnach monothermische Prozesse bei Umgebungstemperatur besonders hervorgehoben. Die Natur arbeitet bei der Bereitstellung von Arbeit in Lebewesen mit einer Reihe thermodynamischer Kreisprozesse auf diese Weise. Eine Abgabe bei höherer Temperatur verringert die Entropieabgabe des Systems, bedeutet aber eine äußere Entropieproduktion, da die Wärme nicht im Gleichgewicht mit der Umgebung abgegeben wird. Andererseits ist diese Wärme noch nutzbar zur regenerativen oder äußeren Vorwärmung. Das damit verbundene Arbeitsgebiet stellt im engeren Sinn die Abfallwärmewirtschaft dar. Die Wärme selbst kann sowohl stofffrei als auch stoffgebunden anfallen. Im letzten Fall kann die Wärme als ein Teil der durch Stoff-Export realisierten Entropieabgabe angesehen werden. In der technischen Diskussion werden diese beiden Fälle nicht immer sauber auseinandergehalten.
3. Der stoffgebundene Entropie-Export kann auf den Unterschied in der Konzentration und der Stoffart zum Zustand in der Umgebung zurückgeführt werden, wenn von dem thermischen Anteil, der bereits bei der Wärme mit angesprochen war, abgesehen wird. Der Entropie-Export ist dann gebunden an die Dissipation und an von selbst verlaufende chemische Reaktionen, die beim Übergang in den Umgebungszustand stattfinden. Die chemischen Prozesse, wie z. B. das

Rosten des Eisens können über einen großen Zeitabschnitt ausgedehnt sein. Die Dissipationsprozesse, insbesondere wenn sie im gasförmigen Zustand stattfinden, verlaufen gleichzeitig mit den technologischen Prozessen. Signifikantes Beispiel ist die CO_2-Abgabe bei den Verbrennungsprozesses. Dieses Beispiel macht zweierlei deutlich: Einmal die damit verbundene Umweltbelastung und zum anderen durch seine absolute Größe das Problem, dass der Übergang in den Umgebungszustand in ähnlicher Weise wie beim thermischen Prozess zur Bereitstellung nutzbarer Energie herangezogen werden könnte. In Analogie zur Abwärmewirtschaft könnte so eine Abdruckwirtschaft geschaffen werden, da beim Übergang in den Umgebungszustand bei gasförmigen Stoffen vordergründig das Partialdruckgefälle ausgenutzt werden könnte.[6]

Prinzipiell vermeidbar sind derartige Verluste nur bei stoffdichten Systemen, die über geschlossene Stoffkreisläufe verfügen müssen. Wenn für das Gesamtsystem keine Einschränkungen an Strukturierung oder Ordnung auftreten und anderwärts keine Änderungen vorgenommen werden sollen, ist dies nur möglich über eine entsprechende Zunahme des thermischen Entropie-Exportes, wohinter letzten Endes bestimmte Energiebereitstellungsprozesse stehen, wie dies schon eingangs zur Entropiediskussion zum Ausdruck gebracht worden ist.

4. Die für die Auslegung der technischen Systeme bestimmende Größe für den Entropie-Export ist neben dem Import die irreversible Entropieproduktion im System selbst. Der Export muss diese Größe mindestens übersteigen, um die vorliegende Strukturierung, die vorliegende Ordnung entgegen den natürlichen Prozessen stationär aufrecht zu erhalten. Damit geht diese Größe faktisch zweimal in die Entropiebilanz ein. Eine Verminderung der Entropieproduktion im System lässt die Möglichkeit einer Verminderung des Entropie-Exportes zu und erweist sich so als eine der wirksamsten Maßnahmen zur Vermeidung von Abfallenergie. Eine Verminderung der Nichtumkehrbarkeiten ist immer möglich durch eine Vergrößerung des apparate- und anlagentechnischen Aufwandes, da sie mit einem entsprechenden Triebkraftabbau verbunden ist. Es existiert so, wie schon gezeigt, eine optimale Nichtumkehrbarkeit.

Eine besondere Situation tritt dann ein, wenn es nicht möglich ist, die mit einer Verminderung der irreversiblen Entropieproduktion verbundenen Verbesserungen an das Energieangebot, gleichviel ob in quantitativer oder qualitativer Form, weiterzureichen. Dann zieht dieser Zusammenhang sogar eine Vergrößerung der äußeren Nichtumkehrbarkeiten und damit auch der Anfallenergie nach sich. Das braucht nicht in allen Fällen negativ zu sein, da der

[6] Bisherige Nutzungsvarianten bestehen allerdings nicht in mechanischen sondern in stoffwandelnden und biologischen Prozessen.

ökonomische Wert der inneren und äußeren Nichtumkehrbarkeiten unterschiedlich sein kann. Bei bestimmten Relationen können deshalb damit auch wirtschaftliche Gewinne verbunden sein, obwohl sich am thermodynamischen Geschehen nichts geändert hat.

5. Schließlich ist auch noch der Entropie-Import des Systems in der Auswirkung auf den Entropie-Export einzuschätzen. Offensichtlich ist, dass er in Bezug auf eine entsprechende Verminderung des Exports möglichst klein zu halten ist. Das ist beim Einsatz der Sonnenstrahlung und der Verwendung der üblichen Rohenergieträger gegeben. Die Sonnenstrahlung weist als Einkommensenergie auf Grund der hohen Strahlungstemperatur nur einen geringen Entropieeintrag auf, der nur wenige Prozent (kleiner als 2 %) des Strahlungs-Exports ausmacht. Auch der mit der Verwendung von Öl und Gas als Vermögensenergien verbundene Entropieeintrag ist gering, da sich der Energieinhalt dieser organischen Energieträger nur wenig vom Exergieinhalt unterscheidet. Das gilt auch für die Kohlen, nur sind diese nicht ohne weiteres „rein" erschließbar und mit anorganischen Ballaststoffen verbunden. Die hierdurch bedingten Aufwendungen erhöhen den mit dem Kohleeinsatz verbundenen Entropie-Import entsprechend. Dadurch sind schon von der Thermodynamik her Differenzierungen zwischen den verschiedenen Vermögensenergien vorhanden.

   Weiter sei vermerkt, dass die Nutzung von Wasserkraft und Windenergie als Einkommensenergien mit keinem Entropie-Import verbunden ist, da es sich um mechanische Energien handelt.

   Die bei der Kohle angesprochenen Zusammenhänge gelten in noch stärkerem Maße für anorganische Rohstoffe. Hierbei ist, durch den Charakter der Lagerstätten bedingt, häufig ein erheblicher Entropie-Import mit ihrem Einsatz in technischen Systemen verbunden. Auf diese Weise lassen sich auch reiche Vorkommen von ärmeren entropisch und damit letztendlich auch energetisch unterscheiden. Die „extrahierende" und stoffwandelnde Industrie ist damit von vorn herein mit einer äquivalenten Abfallenergie belastet als eine Art Transitentropie. Interessant anzumerken ist, dass z. B. der mit Gold verbundene Entropie-Import sehr klein ist, was thermodynamisch in Übereinstimmung steht mit der Tatsache, dass zu seiner Gewinnung im Wesentlichen mechanische Arbeit erforderlich ist. Da die industriellen Bereiche als entsprechende Abfallenergiequellen einzubeziehen sind, auch mit möglichen Alternativen, ist der energetische Zusammenhang für die entropischen Überlegungen von wesentlicher Bedeutung.

Die qualitativen Überlegungen sollen durch einige globale quantitative Angaben unterstützt und damit die Größenordnung der damit verbundenen Aufgaben und

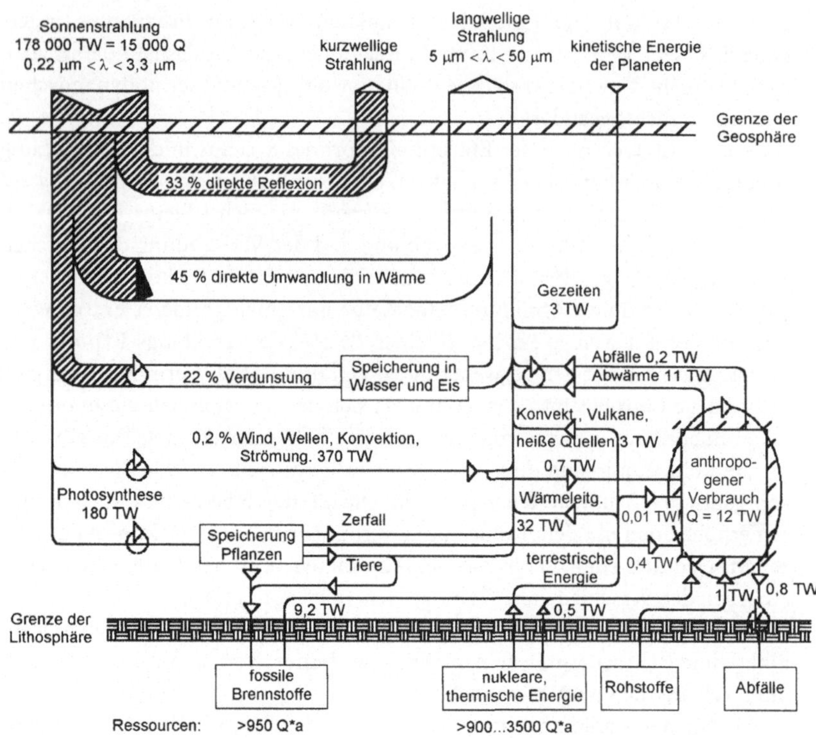

Abb. 2.11 Energiefluss der Erde

Möglichkeiten illustriert werden. In Abb. 2.11 ist die Leistungsbilanz der Erde dargestellt, die in erster Näherung auch eine Einschätzung der zur Verfügung stehenden Einkommens- und Vermögensquellen erlaubt.

Ausgangspunkt und Vergleichsmaßstab ist der Verbrauch des Sozialsystems, der z. Z. etwa 12 TW beträgt.[7] Zur Veranschaulichung: Dieser Wert entspricht der Leistung von 12.000 Großkraftwerken, wenn diese Leistung ausschließlich durch mechanische Energie gegeben wäre. Tatsächlich ist sie das aber etwa nur zu einem Drittel. Das ist zu relativieren mit der erforderlichen Kraftwerkszuwachskapazität in den nächsten 5 Jahren von rund 1 TW. Diesem Verbrauch stehen die durch

[7] Hier wie auch bei folgenden Angaben sind jährliche Verbräuche in durchschnittliche Leistungen umgerechnet worden. Als Umrechnungen gelten: 1 TW = 1 Mrd. kW = 8,76 Mio. GWh/a = 1,076 Mrd. t Steinkohleeinheiten (SKE) pro Jahr. 1 kW = 1,076tSKE/a.

die Sonnenstrahlung gegebene Einkommensenergie gegenüber, die z. Z. etwa das 15.000fache ausmacht, und die Vermögensenergien, die durch die fossilen Brennstoffe sowie die nuklearen und geothermischen Energievorräte gegeben sind. Die dabei eingetragenen Zahlenangaben stellen vorsichtige Schätzungen der Abbauzeiten dar, die sich bei konstanter und alleiniger Deckung des derzeitigen Verbrauchs ergeben würden. Vorsichtige Schätzung heißt sichere und abbauwürdige Vorkommen und der Einsatz von bekannten Technologien der Energieumwandlung. Die Geothermie ist mit der Kernenergie zusammengefasst, da sie letzten Endes auch auf eine Kernspaltung zurückgeführt werden kann.

Für die vorliegenden Überlegungen ist es von zentraler Bedeutung, dass die Strahlungsenergie[8] quantitativ in Gänze wieder an den Weltraum abgegeben wird, mit dem Unterschied, dass die Abgabe im Wesentlichen einer Wärmestrahlung bei 300 K und der Input einer Strahlungstemperatur von 5.000 K, der Oberflächentemperatur der Sonne, entspricht. Die Erde stellt sich so als ein stationär durchströmtes offenes thermodynamisches System dar, dessen von der Umgebung – in diesem Fall dem Weltraum – abweichender Ordnungszustand durch den mit der Abgabe der Wärmestrahlung verbundenen Entropie-Export aufrechterhalten wird. Mit den angegebenen Zahlen beträgt der Entropie-Export etwa 1 PW/K, das bedeutet etwa 1 bis 1,2 W/m^2 K, wobei je zur Hälfte dieser Wert durch den Oberflächeneffekt und den Atmosphäreneffekt verursacht wird. Es wird eingeschätzt, dass dieser Wert Voraussetzung für die Entstehung organischer Strukturen ist. Von den Planeten weisen Mars und Venus eine ähnliche Größenordnung auf. Der Entropie-Export des Merkurs ist größer, die Werte der anderen Planeten sind kleiner [4]. Der Input beträgt etwa 17 TW/K, das bedeutet weniger als 2 %. Auf Abb. 2.9 wird versucht, dies zum Ausdruck zu bringen. Diese große Differenz steht damit für die mit Entropiezunahmen verbundenen natürlichen Prozesse auf der Erde zur Verfügung, um in den natürlichen und technischen Untersystemen ihrerseits entsprechende Ordnungszustände durch spezielle Strukturen herstellen und aufrecht erhalten zu können. Der Vollständigkeit halber sei noch darauf verwiesen, dass die Erde durch die Geothermie einen Eigenentropie-Export realisiert, der aber im Durchschnitt nur ein Tausendstel des durch den Strahlungsaustausch gegebenen Wertes ausmacht (10^3 W/(m^{2}K)). In Gebieten mit geologischen Anomalien kann dieser Wert aber vielfach höher sein.

Die in Abb. 2.11 dargestellten Energieströme oder Leistungen enthalten nicht nur die stofffreien Energien, wie z. B. Wärmeströme, sondern auch Angaben über die stoffgebundenen Energieströme. Das heißt, dass entsprechend der qualitativen

[8] Die für den menschlichen Verbrauch aufgewendete Vermögensenergie ist in diesem Zusammenhang vernachlässigbar.

Diskussion auch die Rohstoffe und Abfälle erfasst worden sind. Diese Zahlen sind natürlich nur grobe Schätzungen aus Plausibilitätsüberlegungen. Die Richtung der Ströme ist durch Pfeile gekennzeichnet. Kreise deuten auf natürliche und technische Kreisläufe hin, wie z. B. den Wasserkreislauf, den Biozyklus oder auch die Kreislaufwirtschaft.

Es sei noch darauf hingewiesen, dass auch die Gezeitenenergie als eine Form der Einkommensenergie aufgenommen worden ist. Im Vergleich zu den anderen Leistungen ist ihre Quantität bescheiden. Zu berücksichtigen ist aber, dass ihre Ausnutzung lokal bedeutungsvoll sein kann dort, wo Tidenhub und Küstengestaltung eine wirtschaftliche Energieerzeugung erlauben.

Das Leistungsbild kennzeichnet die qualitativen Möglichkeiten und quantitativen Gegebenheiten, die der Gestaltung des Technologiesystems zur Verfügung stehen. Das betrifft die Ausnutzung der Primärenergiequellen, die, wie schon weiter vorn diskutiert, sämtlich nur geringe Entropie-Import bedeuten, wie auch die durch Abfallenergie und Abfallstoffe gegebene Umweltbelastung, die aber zunächst den notwendigen Entropie-Export der Untersysteme trägt. Wie gezeigt, lassen sich diese durch die auf die Umgebung bezogenen äußeren Exergieverluste quantifizieren. Im Allgemeinen werden sie in den üblichen Prozessanalysen, auch den „second-law-analysis", nicht angegeben, da diese sich auf die Erfassung der inneren Nichtumkehrbarkeiten beschränken. Um trotzdem ein gewisses quantitatives Gefühl zu geben, sind im folgenden einige grobe Schätzwerte für typische Prozesse mitgeteilt, die den Entropie-Export technischer Systeme realisieren.

Wie schon deutlich gemacht, ist der an stofffreie Wärmeströme gebundene Entropie-Export sicher der quantitativ bedeutendste. Er könnte durch folgende Prozesse verursacht sein

- die von Kraftwerken abgegebene Kondensatorwärme 8 GW/K
- die Abwärme der Raumheizung 10 GW/K
- die Abwärme von Industrieöfen 2 GW/K.

Es wurde weiter oben schon angedeutet, dass ein Teil dieses Entropie-Exportes durch die reversible Prozessführung bestimmt ist. Am einfachsten ist dies noch bei der Kondensatorwärme der Kraftwerke zu übersehen. Beim derzeitigen Stand der Kraftwerkstechnologie umfasst dieser Betrag etwa die Hälfte des angegebenen Wertes.

Ein stoffgebundener Entropie-Export entsteht, wenn die Parameter der abgegebenen Stoffströme von denen der Umgebung abweichen, die Abgabe mithin nicht im Gleichgewicht mit der Umgebung erfolgt. Durch den von selbst verlaufenden Übergang zum Umgebungszustand ist dieser Entropie-Export identisch mit den äußeren Nichtumkehrbarkeiten. Relativ einfach lassen sich Abschätzungen angeben, wenn sie die Gesamttemperatur und den Gesamtdruck der Stoffströme betreffen. Das sind z. B. die folgenden

- Thermische Entropie von Abgasen 1,5 GW/K
- Drosselverlust bei Auspuffprozessen 0,5 GW/K

Ähnliche Verlustprozesse treten bei der Verwendung von Druckluft auf. Analysen haben gezeigt, dass diese etwa bis zu einem Drittel des Energieeinsatzes vermindert werden können. Das bedeutet z. B. für Deutschland eine Verminderung des Entropie-Exportes um ca. 2 MW/K.

Bezieht man sich auf die übliche Zusammensetzung der Atmosphäre, so können auch durch Konzentrationsänderungen, in diesem Fall durch Partialdruckunterschiede, bedingten Entropieproduktionen abgeschätzt werden. Als Beispiele sollen gelten

- Konzentrationsentropie von Verbrennungsprodukten 1,5 GW/K
- Konzentrationsentropie der Produkte der Luftzerlegung 1,5 GW/K

Schließlich entsteht eine Entropieproduktion durch chemische Zustandsänderungen, die von selbst verlaufen, wenn der natürliche Umgebungszustand durch Verbindungen mit einem niedrigeren energetischen Niveau, gekennzeichnet durch einen niedrigeren Wert des Gibbsschen Potenzials, gegeben ist. Solcher Art von Entropie-Export könnte gegeben sein durch

- Chemische Entropie beim Rosten des Eisens 4 GW/K
- Chemische Entropie von Kunststoffabfällen 0,4 GW/K

Zum Schluss soll noch auf einen Wert verwiesen werden, der uns in andere industrielle und gesellschaftliche Bereiche führen kann als die, die üblicherweise an dieser Stelle betrachtet worden sind. Da man unter gewissen Annahmen den Umgebungs- oder Normzustand von festen Stoffen in einer granulometrischen Gleichverteilung sehen kann, lässt sich über Zerkleinerungsprozesse eine Abschätzung der z. B. über die Betonherstellung möglichen Entropieproduktion vornehmen. Sie vollzieht sich dann über die Zerstörung der Bauten und kann so eine Transformation des Entropie-Exportes in ferne Zukünfte bedeuten oder sich heute aus fernen Vergangenheiten realisieren. Unter Bezugnahme auf die gegenwärtige Betonproduktion lässt sich schätzen für die

- Betonzerkleinerung 0,3 GW/K

Die damit sich möglicherweise ergebenden Aspekte können an dieser Stelle nicht weiter verfolgt werden.

Ähnliche Abschätzungen hat Stahl [5] vorgenommen und Werte erhalten, die in den gleichen Größenordnungen liegen, sowohl den Gesamtexport betreffend als auch das Verhältnis zwischen Wärme- und Stoffentropie-Export., So realisiert die Menschheit bei derzeitig 6 Milliarden Menschen einen Entropie-Export von 3 GW/K, wenn eine Wärmeleistung von 100 W und eine Entropieproduktion von 0,5 W/K pro Person zugrunde gelegt wird. Die intensive Landwirtschaft auf der Erde weist eine Entropieproduktion von 140 GW/K auf, der z. B. in der gleichen Größenordnung wie die Entropieproduktion der Wälder auf der Erde liegt. Im Vergleich zu den Werten der technischen Prozesse sind das ganz erstaunliche Größenordnungen. Stahl hat auch Abschätzungen der Entropieproduktion einzelner Länder vorgenommen. So kommt er für die USA auf 9 GW/K, für die Bundesrepublik Deutschland etwa auf 1,5 GW/K. Indien liegt etwa in der gleichen Größenordnung wie Deutschland, obwohl sich bekanntlich die Einwohnerzahlen um eine Größenordnung unterscheiden. Wir wollen uns an dieser Stelle eine weitere Kommentierung ersparen.

Dieser Entropie-Export, der, das sei nochmals betont, notwendig ist, um den Ordnungszustand entsprechend dem „Stand der Technik" im Technologiesystem aufrechtzuerhalten, kann nach der Gleichung von Gouy-Stodola (Gl. 2-8) im Energiemaßstab abgebildet werden und repräsentiert so die Anergieproduktion, die an die Umgebung abgegeben wird. Die aufgeführten Beispiele stellen dann schon fast drei Viertel des Energieverbrauches der menschlichen Gesellschaft von 12 TW. Es wird so auch quantitativ deutlich, dass das Technologiesystem als offenes thermodynamisches System aufgefasst werden kann, das im stationären Fall, wie das System Erde, die gesamte zugeführte Energie wieder abgibt, aber mit einer geringeren Qualität, d. h. auf einem höheren Entropieniveau. Damit ist auch quantitativ die schon weiter vorn aufgestellte These belegt, dass zur Bedürfnisbefriedigung des Technologiesystems nicht Energie schlechthin benötigt wird, sondern dass es auf einem Ordnungszustand gehalten werden muss, der höher als der in der Umgebung ist. Dazu ist der Entropie-Export zu organisieren. Die primäre Aufgabe lässt sich nicht aus der Energiewirtschaft im engeren Sinn sondern direkt und unmittelbar aus der Entropiewirtschaft ableiten.

Die äußeren Nichtumkehrbarkeiten, die Größe des Entropie-Exportes, hängen von den Prozessen ab, die im System zur Realisierung des Ordnungszustandes entsprechend dem jeweiligen technischen Niveau und wirtschaftlichen Gegebenheiten eingesetzt werden. Die durch diese Prozesse verursachten inneren Nichtumkehrbarkeiten bestimmen primär Art und Größe der äußeren Nichtumkehrbarkeiten und damit der Abfallenergie. Ihre Verminderung und Vermeidung erfordert deshalb auch die Auseinandersetzung mit den inneren Nichtumkehrbarkeiten. Hierzu gibt es in der Fachliteratur aus den Ergebnissen einer Vielzahl von Analysen Ansatzpunkte zur Abschätzung ihrer Größenordnung für einzelne technische Prozesse und gesamte Systeme.

Einige Zahlenwerte für einfache Prozesse in Kraft- und Arbeitsmaschinen sowie Apparaten, für Energie- und Stoffwandlungsanlagen sowie Anlagen zur Bereitstellung von Niedertemperaturwärme sind in Tab. 2.7 zusammengefasst. Zur Kennzeichnung ist der exergetische Gütegrad ν verwendet, das ist das Verhältnis der Austrittsexergie zur Eintrittsexergie. Die Ergänzung zu 100 % sind dann die durch Nichtumkehrbarkeiten verursachten Exergieverluste, die im theoretischen Grenzfall, d. h. bei reversibler Prozessführung, eingespart werden können. Im Wesentlichen stehen dahinter äußere Nichtumkehrbarkeiten, die prinzipiell mit der Gleichung von Gouy und Stodola in Werte des Entropie-Exportes umgerechnet werden können. Da aber hierfür für die einzelnen Prozesse eine weitere Anzahl von Annahmen getroffen werden muss, um vergleichbare Werte zu erhalten, soll dieser Versuch an dieser Stelle nicht unternommen werden. Im Vergleich zu der entropischen Diskussion verbleibt deshalb die folgende Auseinandersetzung auf der Basis von relativen Einschätzungen, eine Verabsolutierung ist nicht unmittelbar möglich. Die Angaben sind nur als Größenordnungen zu verstehen, deshalb sind auch häufig breite Bereiche aufgenommen. Außerdem sind nicht immer vergleichbare Systemgrenzen hinsichtlich der zu erzeugenden Produkte und der Umgebung zugrundegelegt.

Bei den einfachen Prozessen sind zunächst einige Zahlenwerte für Kraft- und Arbeitsmaschinen zusammengestellt. Die Verluste sind im Wesentlichen Reibungserscheinungen geschuldet. Das weite Spektrum beim Drosselprozess ist zunächst durch die Lage des Prozesses im Vergleich zum Umgebungszustand bestimmt. Außerdem ist darauf zu verweisen, dass der Drosselprozess nicht nur ausschließlich als Verlustprozess angesehen werden muss, sondern in der Tieftemperaturtechnik auch der Umwandlung von potenzieller Energie in Kälte dient. Wärmeübertrager arbeiten mit sehr unterschiedlichen Werten der exergetischen Güte. Werden solche Apparate in der Nähe der Umgebungstemperatur eingesetzt, weisen sie sehr geringe Werte auf, das gilt auch insbesondere für Kühlungsprozesse. Mit der Entfernung des Prozesses von der Umgebungstemperatur verbessern sich die Werte der exergetischen Effizienz. Im besonderen Maße gilt dies im Tieftemperaturbereich, wo nur geringste Grädigkeiten angewandt werden. Die Verbrennung als eine von selbst verlaufende chemische Reaktion bringt erfahrungsgemäß etwa 30 % Verluste mit sich. Beim Dampferzeuger kommen noch die Wärmeübertragungsverluste hinzu, was die angegebene Größenordnung des Gütegrades erklärt. Die Umwandlung chemischer Energie ist dagegen mit guten Werten des exergetischen

Tab. 2.7 Beispielhafte Angaben zum inneren Gütegrad ν

Prozess, System	ν	Prozess, System	ν
Maschinen u. Apparate (einfache Prozesse)		Wasserkraftwerk	0,7… 0,9
Pumpe	0,85	Windkraftwerk	0,3… 0,8
Kompressor	0,7… 0,9	Solarthermisches Kraftwerk	0,2… 0,4
Entspannungsmaschine	0,55… 0,85	Photovoltaisches Kraftwerk	0,08… 0,18
Drosselung	0… 0,99	Transport- und Speicheranlagen	
Gasturbine im Kombiprozess	0,65… 0,75	Gaspipeline	0,95… 0,99
Wärmeübertrager, im System	0,1… 0,99	Ölpipeline	0,98… 0,99
Wärmeübertrager, am Ende	0,01… 0,5	Heizwassernetz	≈0,95
Verbrennung	0,6… 0,7	Dampfnetz	0,8… 0,9
Dampferzeuger	0,25… 0,45	Heißwasserspeicher	≈1
Brennstoffzelle	0,9	Stoffwandelnde Anlage (Stoffwandlungssystem)	
chem. Reaktor	0,7… 0,99	Zementherstellung	≈0,6
Destillationskolonne, ohne Wärmeübertrager	0,7… 0,95	Ammoniaksynthese	≈0,7
Destillationskolonne, mit Wärmeübertrager	0,05… 0,7	Rohöldestillation	0,95… 0,98
Energietechnische Anlag. (Energieumwandlungssyst.)		Gastrennanlage	≈0,95
Kondensationskraftwerk	0,3… 0,45	Luftzerlegungsanlage	≈0,15
Kombi-Kraftwerk mit Kraft-Wärme-Kopplung	0,4… 0,6	Anlagen zur Bereitstellung von Niedertemperaturwärme (Heiz- und Klimasysteme)	
Kraft-Wärme-Kopplung	0,3… 0,5	Heizkessel	0,1… 0,35
BHKW	0,3… 0,5	Wärmepumpe	0,4… 0,8
Heizwerk	0,2… 0,3	Solarthermische Warmwasser-	0,05… 0,2
Verbrennungsmotor	0,4… 0,7	bereitung	
Müllverbrennung, thermische Nutzung	0,2… 0,3	Elektrische Heizung	<0,1
Müllkraftwerk	0,3… 0,35	Klimaanlage	0,1… 0,2

Gütegrades zu kennzeichnen. Das zeigen Brennstoffzelle und chemischer Reaktor. Das begründet auch die Überlegungen, Energiewandlungsanlagen durch die Einbeziehung chemischer Prozesse energetisch zu verbessern. Bei Trennanlagen gibt der Gütegrad nur unzureichende Informationen, da die Konzentrationsenergie in der Bilanz weitgehend verschwindet. Bezieht man sich auf diese, ergeben sich Verluste in der Größenordnung von 90 %.

Weiterhin sind Werte des exergetischen Gütegrades von Energiewandlungsanlagen angeführt. Sie liegen alle in einer Größenordnung, wenn der Verbrennungsprozess in Verbindung mit der Wärmeübertragung mit erheblichen Temperaturdifferenzen eingesetzt wird. Das gilt auch für den Vergleich zwischen Kondensationskraftwerk und Kraft-Wärme-Kopplung. Es muss immer wieder betont werden, dass die Vorteile der Kraft-Wärme-Kopplung nur im Vergleich zu üblichen Raumheizungsanlagen deutlich werden. So schneidet auch das reine Heizwerk exergetisch sehr schlecht ab. Wenn bei der Müllverarbeitung der Verbrennungsprozess eingesetzt wird, liegen auch für diese Anlagen die exergetischen Gütezahlen in der gleichen Größenordnung. Wasser- und Windkraftwerke können hohe Werte der exergetischen Güte erreichen, da der Energieeinsatz hierbei in mechanischer Energie gegeben ist. Die Werte für Transport- und Speicheranlagen zeigen, dass mit ihnen keine wesentliche Einbuße der Qualität der Energie verbunden ist. Das Problem dieser Anlagenkomponenten besteht deshalb vordergründig in den Apparate- und Anlagenkosten.

Stoffwandelnde Anlagen schneiden im Vergleich zu den Energiewandlungsanlagen im Allgemeinen recht gut ab. Diese Feststellung gilt nur aus der Sicht der energetischen Einschätzung und berücksichtigt nicht den stofflichen Wert der Produkte. Das wurde schon bei der Einschätzung des chemischen Reaktors deutlich. Das ist auch einer der Gründe, warum ein progressiver Trend in der Realisierung der Einheit von Stoff- und Energiewandlung gesehen wird. Der niedrige Wert bei den Luftzerlegungsanlagen ist durch den Sachverhalt begründet, dass der Austrittszustand der Nutzprodukte durch deren Konzentrationsexergie und der Einsatz durch mechanische Energie gegeben sind. Der hohe Wert der Rohöldestillation bezieht sich auf die Tatsache, dass die chemische Energie der Produkte nahezu im vollen Umfang erhalten bleibt.

Anlagen zur Bereitstellung von Niedertemperaturwärme zu Raumheizzwecken arbeiten mit einer sehr geringen exergetischen Effizienz. Das begründet, wie schon gesagt, den durch den Einsatz von Kraft-Wärme-Kopplungsanlagen zu erzielenden Vorteil. Andererseits wird von dieser Seite der Gewinn besonders deutlich, der mit Niedrigenergiehäusern durch entsprechende Isolation erreicht werden kann. Natürlich besteht hierbei das zentrale Problem in der Abwägung eines Mehrauf-

Tab. 2.8 Größenordnungen typischer Entropiewerte in kJ/(kg·K)

typischer Festkörper (25 °C)	0,2–0,5
Flüssigkeiten (Wasser, Ethylalkohol bei 25 °C)	3–4
Luft (25 °C, 1 bar)	7
Gase (Wasserstoff, Helium bei 25 °C, 1 bar)	30–60
Eisschmelze (bei 0 °C)	1,2
Wasserverdampfung (100 °C)	6
Lufterwärmung (0 auf 100 °C)	0,32
Wassererwärmung (0 auf 100 °C)	1,3

wandes an einmaligen Kosten gegenüber der Einsparung von laufenden Aufwendungen.

Da es gegenwärtig noch ungewöhnlich ist, in dem vorliegenden Zusammenhang mit Entropiewerten zu arbeiten und zu argumentieren, soll nach Großmann ein weiterer Versuch eines Vergleiches und damit einer Veranschaulichung unternommen werden. Die energetischen Umsätze auf der Erde führen bei einer Weltbevölkerung von 6 Milliarden Menschen zu einem durchschnittlichen Entropieexport pro Mensch von etwa 8 bis 10 W/(K·person), also etwa zu dem 20-fachen des natürlichen Entropieexportes. Rechnet man der Einfachheit halber mit dem oberen Wert, so ergeben sich Tageswerte von ca. 900 kJ/(K·person·day) oder durchschnittlich von 10 bis 12 kJ/(K·kg·day). Zum Vergleich sind in der Tab. 2.8 typische physikalische Entropien materieller Systeme größenordnungsmäßig angegeben. Die Tabelle zeigt im Vergleich zwischen Gasen, Flüssigkeiten und Festkörpern die mit der Zunahme des Ordnungszustands abnehmende Entropie, beim Vergleich von Erwärmungs- und Phasenänderungsprozessen wird die energetische Bedeutung von Wasser auch aus dieser Sicht deutlich.

Aus der Sicht der Entropiewirtschaft bedeutet die Abfallenergieverwertung zunächst die Auseinandersetzung mit den äußeren Nichtumkehrbarkeiten, den äußeren Exergieverlusten. Das ist, wie schon gezeigt, durch innere, d. h. regenerative Nutzung und äußere Nutzung durch die Kopplung von Systemen möglich. Wenn neben der Nutzung der Abfallenergie in ihrer Erscheinungsform noch die Möglichkeiten der Energiewandlung in den Kreis der Betrachtung einbezogen werden, vervielfachen sich die Verwertungsfelder aus naturwissenschaftlicher und technischer Sicht. Die wirksamste Maßnahme zur Eindämmung der negativen Auswirkungen der Abfallenergie auf den Energieeinsatz ist ihre Verminderung oder gar Vermeidung. Dem steht gegenüber, dass durch die Abfallenergie der erforderliche Entropie-Export zur Aufrechterhaltung des Ordnungszustandes im System realisiert wird. Dieser wird vermindert, wenn die inneren Nichtumkehrbarkeiten reduziert werden. Das ist häufig möglich durch eine Änderung des technologischen Prozesses im System oder stets durch einen erhöhten apparativen Aufwand. Bei der Einschätzung der Maßnahmen zur Abfallenergieverwertung sind deshalb als Vergleichsvarianten auch stets die hierdurch gegebenen Möglichkeiten der Veränderungen der Technologie und der inneren Nichtumkehrbarkeiten in Betracht zu ziehen. Die quantitativen Angaben zu den Größenordnungen der inneren Verluste zeigen, dass auch hierbei eine ungeheuere Vielzahl von naturwissenschaftlich denkbaren und technisch machbaren Varianten erzeugt werden kann, wenn z. B. die heutigen Möglichkeiten der Fertigungstechnik und vor allem der Automatisierungstechnik ins Auge gefasst werden.

Literatur

1. Fratzscher, W., Brodjanskij, V.M., Michalek, K.: Exergie – Theorie und Anwendung. Deutscher Verlag für Grundstoffindustrie, Leipzig (1986)
2. BDI: Entwurf einer Verordnung zur Durchführung des Bundes-Imissionsschutzgesetzes (Wärmenutzungsverordnung). BDI – Abt. II 14, 15.04.1991
3. Renn, O.: Ökologisch denken – sozial handeln. In: Kastenholz, H.G., Erdmann, K.H., Wolff M. (Hrsg.) Nachhaltige Entwicklung – Zukunftschancen für Mensch und Umwelt. Springer (1996)
4. Aoki, I.: Entropy productions on the earth and other planets of the solar system. J. Phys. Soc. Japan. **52**:1075-1078 (1983)
5. Stahl, A.: Entropy and environment. In: Ebeling, W., Muschik, M. (Hrsg.) Statistical physics and thermodynamics of nonlinear nonequilibrium systems. World Scientific, Singapore (1993)
6. Fratzscher, W., Michalek, K.: Auswertung der Anfallenergiebilanz eines chemischen Großbetriebes. Energieanwendung **31**(6):203-209 (1982)
7. Fratzscher, W., Michalek, K., Domhardt, K.-H.: Erfassung des Sekundärenergieanfalles und seine Bewertung – Erfahrungen. Energieanwendung **37**(1):10-14 (1988)
8. VDI-Gesellschaft Energietechnik, Energietechnische Arbeitsmappe, 15., bearbeitete und erweiterte Aufl. Springer, Berlin (2000)

W. Fratzscher, K. Michalek, *Abfallenergie und Entropiewirtschaft*, essentials,
DOI 10.1007/978-3-658-03921-9, © Springer Fachmedien Wiesbaden 2013